［韩］C2M教育研究所/编　　［韩］赵润雨/译

空间思维培养全书

1-4 立体设计 空间认知

1级

山东人民出版社·济南

国家一级出版社 全国百佳图书出版单位

《空间思维培养全书》

图形学习法

追求快速而准确的运算、对公式死记硬背与"套用",将这样的学习方法作为重中之重的数学教育时代似乎正接近尾声。当下,只要掌握了最基础的数学原理以及搜索引擎的使用方法,我们就可以比以往任何时候都更加轻松、简单地求解一些数学问题。尽管如此,在数学领域中仍然有很多只能依靠人类的亲身经验与独立思考,而不是通过计算器或简单的搜索才能解决的问题。

相较于数理能力或语言能力,孩子们掌握的空间能力与他们在未来的创造力、革新能力方面的关系更加紧密。这里所说的空间能力,是指对二维或三维物体进行视觉化或操作的能力。但最大的问题在于,相比其他能力来说,空间能力的学习很难在短时间内得到有效提高。

2022年版义务教育数学课程标准确立了数学课程核心素养,其中,空间观念是数学核心素养的主要表现之一。空间观念有助于孩子们理解现实生活中空间物体的形态与结构,是形成空间想象力的经验基础。不过,不同的先天能力以及婴幼儿时期相异的学习经历,自然会导致孩子们在空间能力的掌握方面出现巨大的差距。而目前的现实是,关于空间能力的学习大多只是对不同图形或空间的简单体验,没有进一步提供解决空间问题所需的方法论或更多的实践。

这种情况带来的后果，就是在掌握空间能力方面，不同学生之间的差距越来越大，最终导致一些孩子因不熟悉图形而出现惧怕学习数学的现象。

基于这样的问题意识，我们在孩子们认识、学习图形的三个阶段中，选取了培养空间能力最为关键的学前、小学阶段，针对性地研发了新型图形练习书《空间思维培养全书》。编写团队以儿童的年龄特点以及学前教育、小学课程中的核心图形原理为基础，设计了更加科学、系统的图形学习方法，将图形细分为"平面规则""图形制作""立体设计""空间认知"四大类别，循序渐进地提升孩子的空间智能，帮助孩子轻松打好数学学习的基础。

由于20世纪的人们在解决数学问题时更多地需要亲自计算，因此之前的数学教育更加侧重数理能力的学习。与此相反，在当今社会，利用空间能力来设计可知的未来将成为之后数学教育的新目标。然而，对于没有既定公式或指定解题方法的图形学习来说，许多孩子感到不知所措。我们期待《空间思维培养全书》图形练习书可以在空间能力提升方面为这些孩子提供学习指南。

第一阶段
婴幼儿~小学低年级
以教学用具等实物为主的体验式学习

第二阶段
幼儿~小学高年级
解决问题的各阶段图形类型练习

第三阶段
小学高年级~初中
提升预测空间变化的思维能力

目录

1-4　立体设计

1-4　空间认知

1级

空间思维
培养全书

1-4　立体设计

《空间思维培养全书》的结构与学习方法

· 每天花10分钟完成2页图形练习，轻松无负担！
· 每周5天进行每日练习，第5天再对每周重点图形进行巩固练习。
· 共5回评价测试，逐步提升空间能力！

每周学习内容

每日练习：
"小数学家"们的重点练习，通过给出的提示完成阶段性学习。

巩固练习：
复习重点内容，完成一周的学习。

第1周	第1天	第2天	第3天	第4天	第5天/巩固练习
	第4~5页	第6~7页	第8~9页	第10~11页	第12~14页

第2周	第1天	第2天	第3天	第4天	第5天/巩固练习
	第16~17页	第18~19页	第20~21页	第22~23页	第24~26页

第3周	第1天	第2天	第3天	第4天	第5天/巩固练习
	第28~29页	第30~31页	第32~33页	第34~35页	第36~38页

第4周	第1天	第2天	第3天	第4天	第5天/巩固练习
	第40~41页	第42~43页	第44~45页	第46~47页	第48~50页

评价测试内容

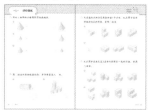

评价测试：
对4周的学习内容进行评价，看看自己在哪一方面还存在不足。

评价测试

第1回	第2回	第3回	第4回	第5回
第52~53页	第54~55页	第56~57页	第58~59页	第60~61页

观察立体图形

◆ 找出相同的2个立体图形，并用○标出。

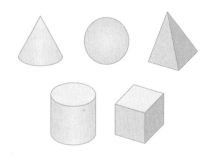

在每个立体图形旁边标上名称就好分辨了！

❶

❷

❸

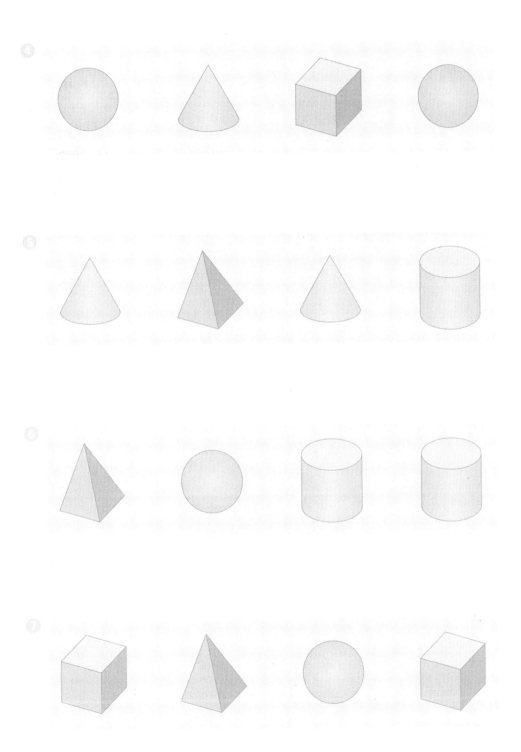

◆ 将大小相同的立体图形用线连起来。

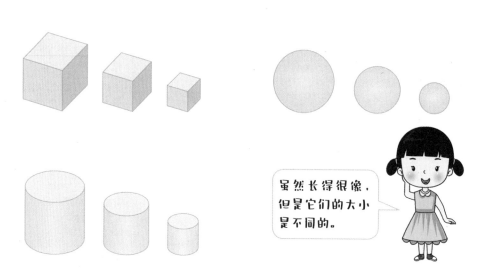

虽然长得很像，但是它们的大小是不同的。

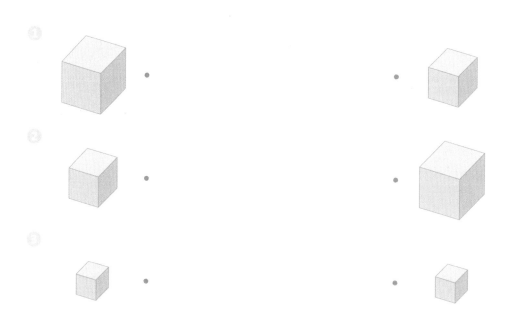

◆ 找出与左图形状相同的立体图形，并用○标出。

左边的图形虽然大小不一，但都是圆锥形的。

✎ 找出与左图形状相同的立体图形，并用〇标出。

圆柱体被推倒之后的形状与其立着时的形状看起来不太一样。

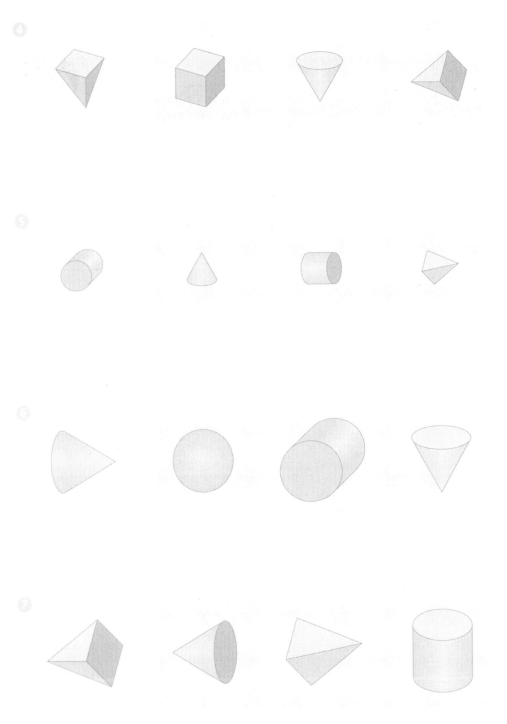

✏️ 找出与其他3个不一样的立体图形，并用 ✕ 标出。

找到了！球体中混进了1个圆柱体。

①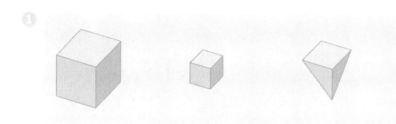

②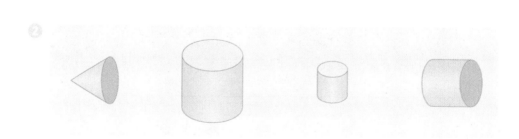

③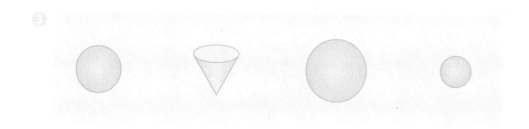

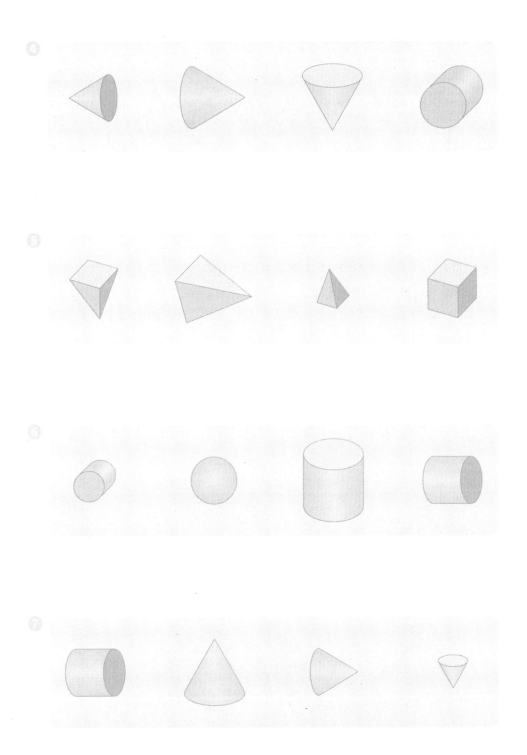

◆ 将大小相同的立体图形用线连起来。

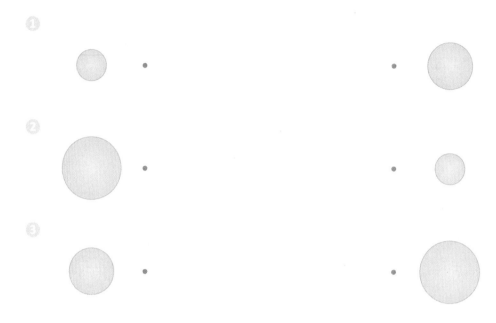

◆ 找出与其他3个不一样的立体图形，并用 ✕ 标出。

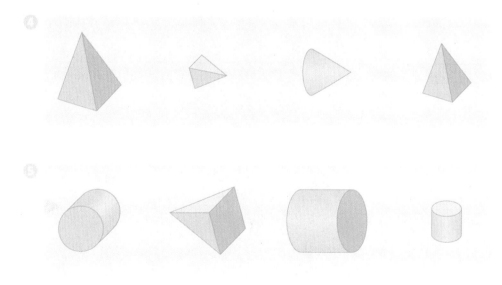

数积木

用〇标出所有的球体积木，并将数量填入 ▢ 内。

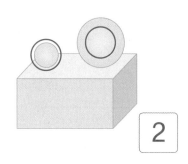

2

虽然大小不同，但左边2个都是球体积木。

❶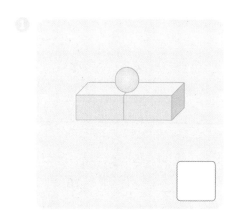

❷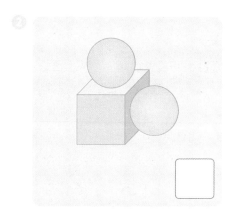

❸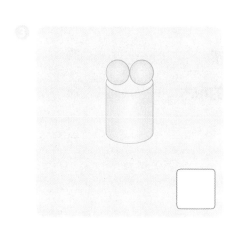

❹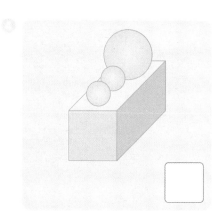

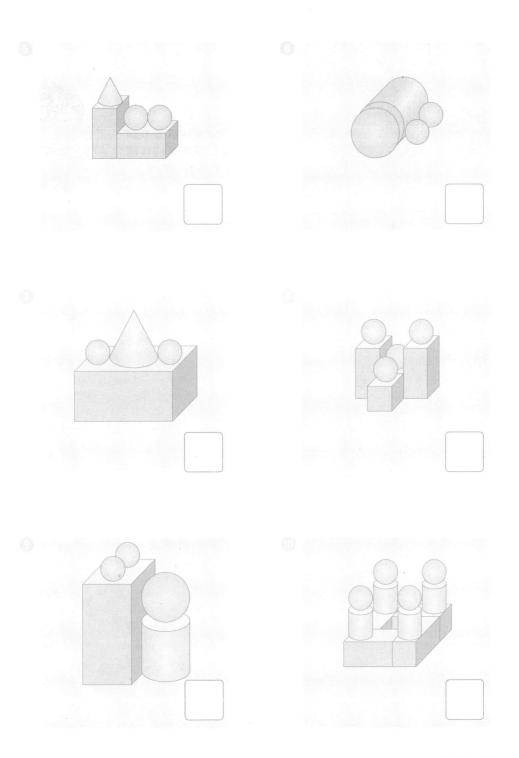

用○标出所有的圆柱体积木，并将数量填入 ▢ 内。

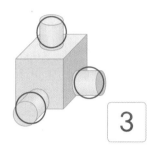

3

不论大小和放置方向
如何，只要是圆柱体
积木就要数哦！

①

▢

②

▢

③

▢

④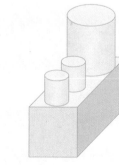

▢

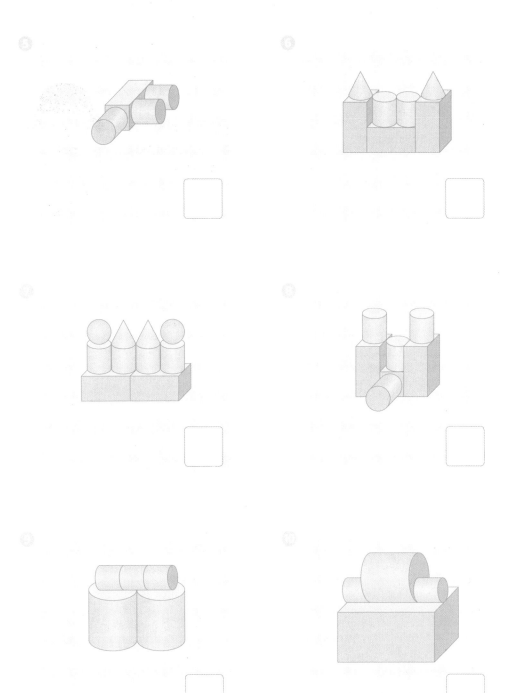

用○标出所有的圆锥体积木，并将数量填入 ⬜ 内。

3

不论大小和放置方向如何，一定要找到所有的圆锥体积木！

①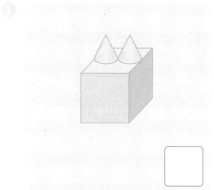

⬜

②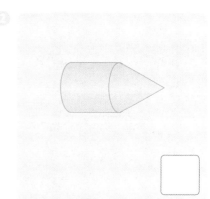

⬜

③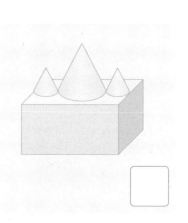

⬜

④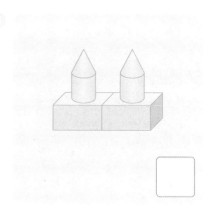

⬜

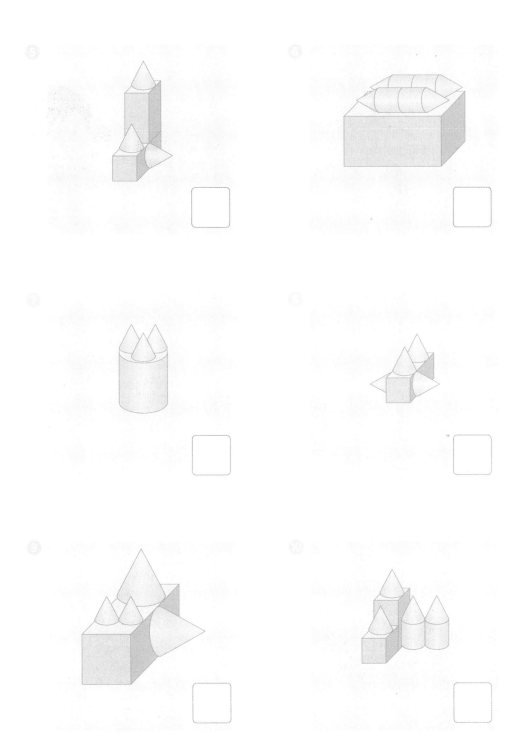

用○标出所有的长方体积木，并将数量填入 ▢ 内。

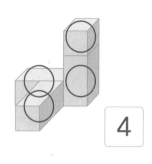

4

正方体是特殊的长方体，也要数哦！

①

②

③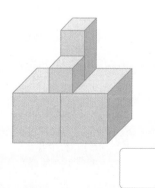

④

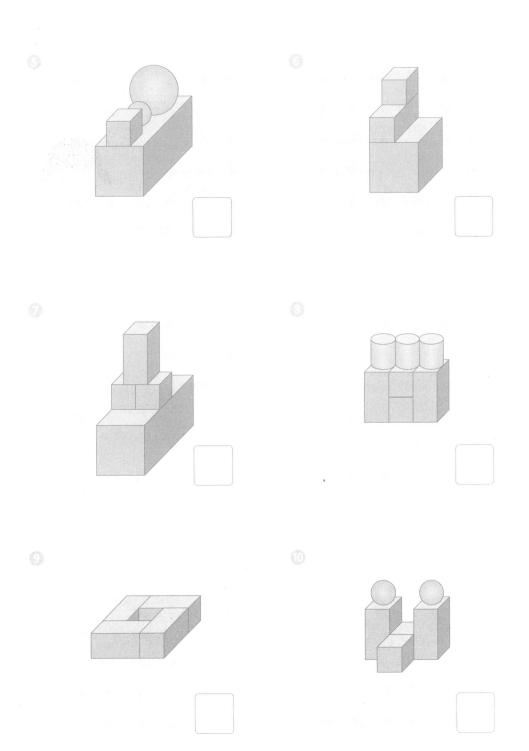

✏️ 在不同类型的积木中找出数量最多的一种，并用○
标出。

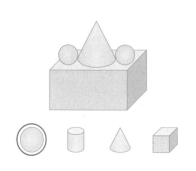

球体积木有2个，圆
锥体和长方体积木各
有1个，所以球体积
木是最多的。

①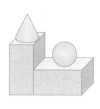

②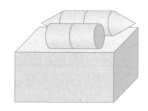

③

④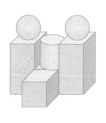

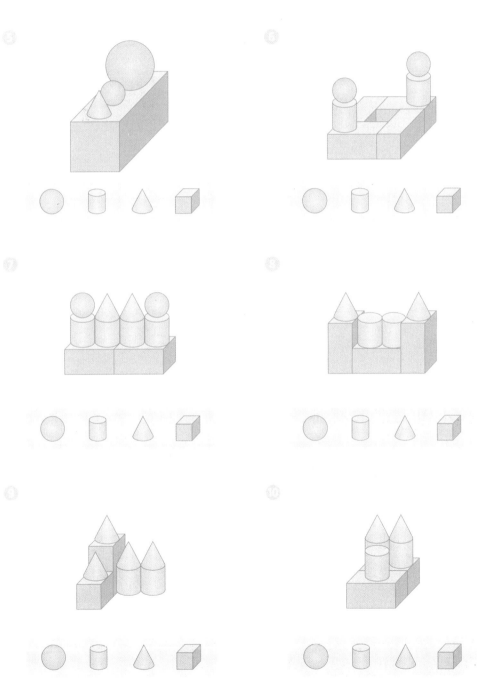

◆ 用○标出所有的长方体积木，并将数量填入□内。

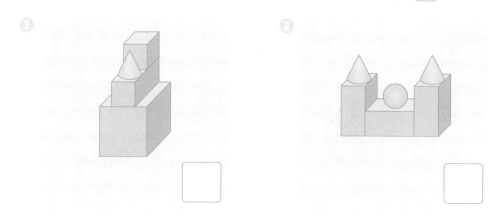

◆ 在不同类型的积木中找出数量最多的一种，并用○
标出。

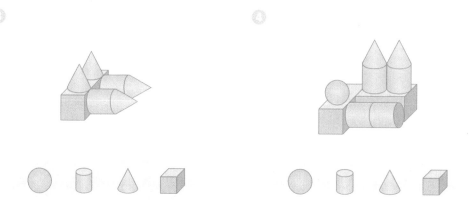

第3周

搭方块

◆ 观察每组积木中方块的个数，并将数量与其他3组不同的那组用 × 标出。

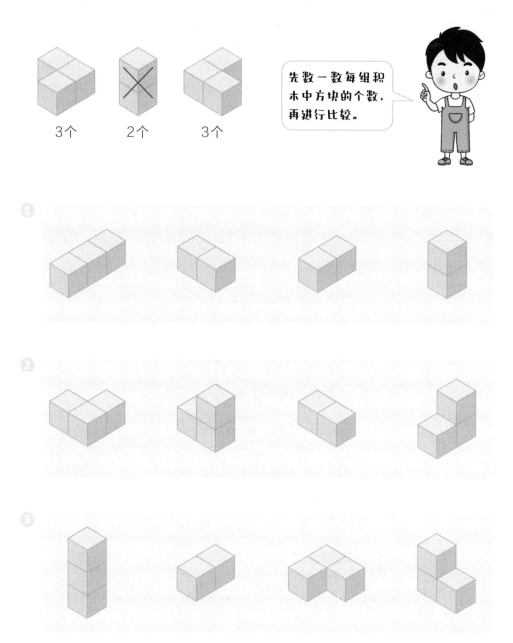

3个　　　2个　　　3个

先数一数每组积木中方块的个数，再进行比较。

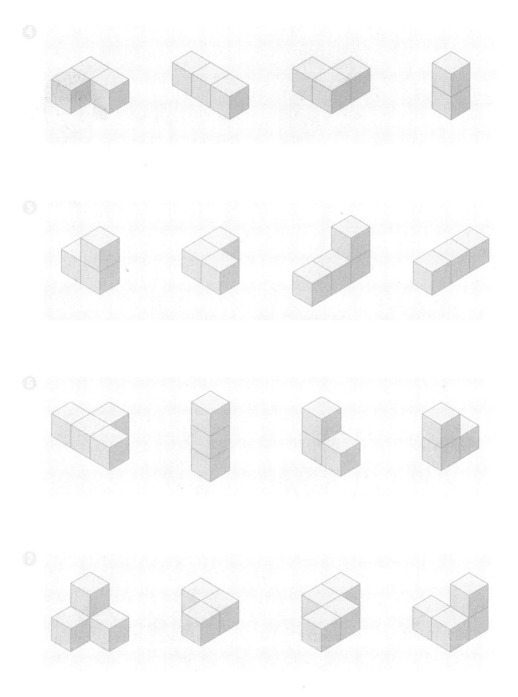

◆ 在左边积木的白色面拼接1个方块，从右图中找出拼
接后组成的形状，并用○标出。

想象一下在白色那面拼接1个方块后组成的形状。

④

⑤

⑥

⑦

在左边积木的白色面各拼接1个方块，从右图中找出拼接后组成的形状，并用○标出。

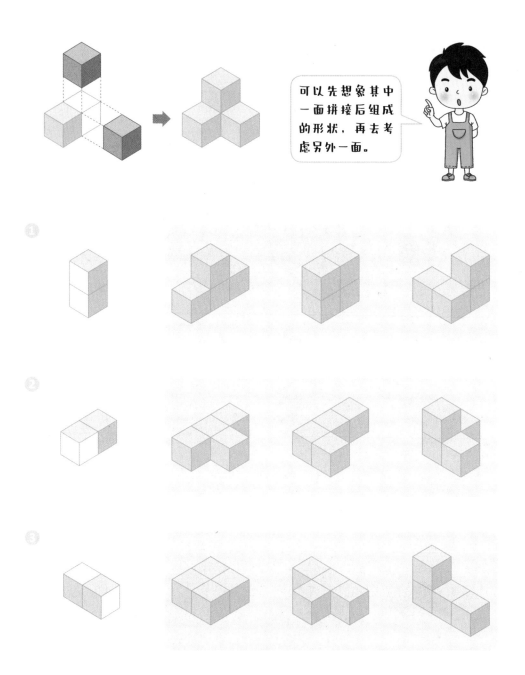

可以先想象其中一面拼接后组成的形状，再去考虑另外一面。

 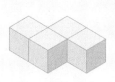

✏️ 从右图中找出与左边形状相同的积木，并用○标出。

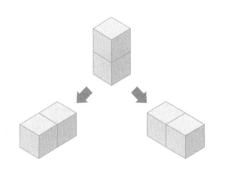

无论怎样摆放由2个方块组成的积木，它们的形状都是一样的。

①

②

③

④

⑤

⑥

⑦

✎ 找出拼搭方式与其他3组不同的1组积木，并用 × 标出。

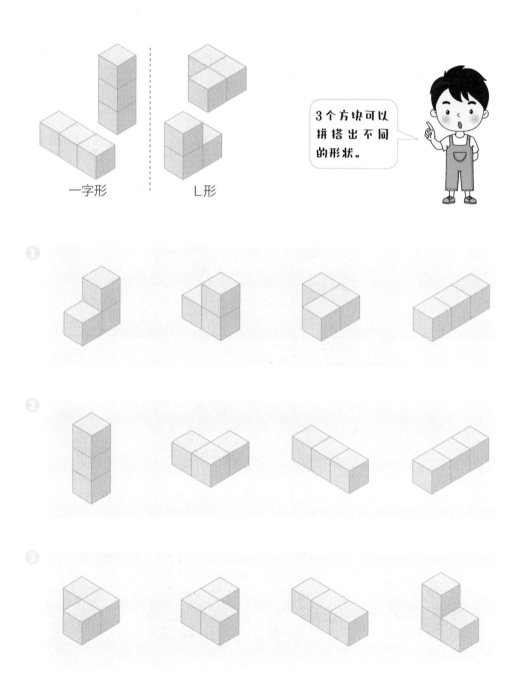

一字形　　　　　L形

3个方块可以拼搭出不同的形状。

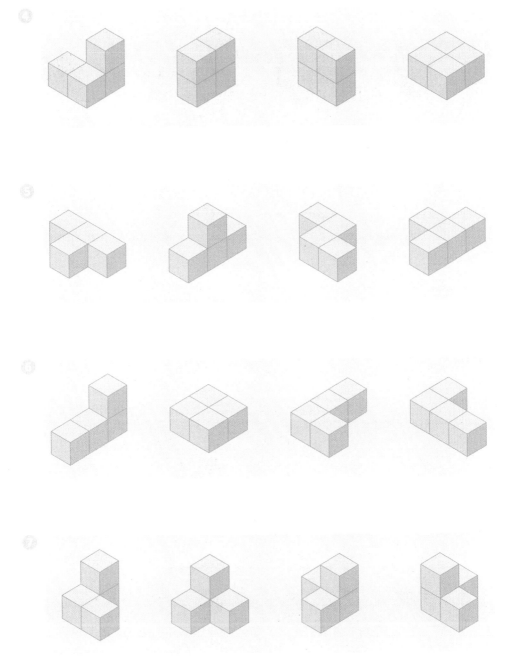

◆ 在左边积木的白色面各拼接1个方块，从右图中找出
拼接后组成的形状，并用○标出。

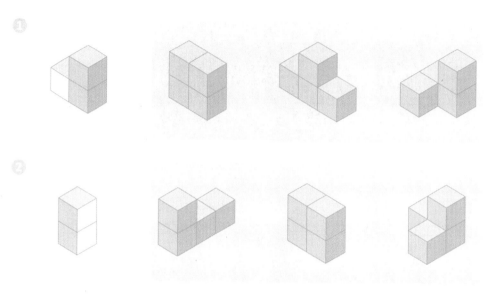

◆ 找出拼搭方式与其他3组不同的1组积木，并用 ✕
标出。

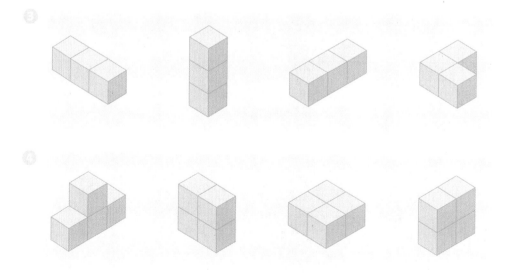

第4周

一层又一层

数出积木的层数，并填入 ▢ 内。

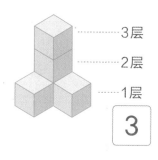

—— 3层
—— 2层
—— 1层

3

从最底下的那一层开始数，1层，2层，3层……

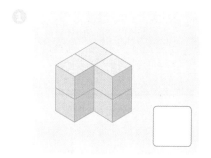

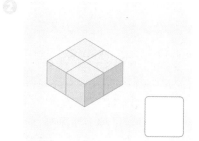

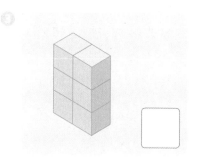

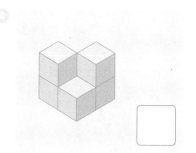

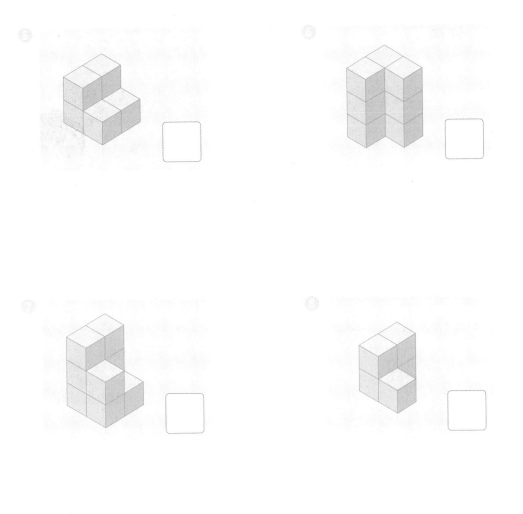

从右图中找出左边 2 层积木拼搭在一起的形状，并用
○标出。

想一想上层积木摆在下层积木白色面上的样子。

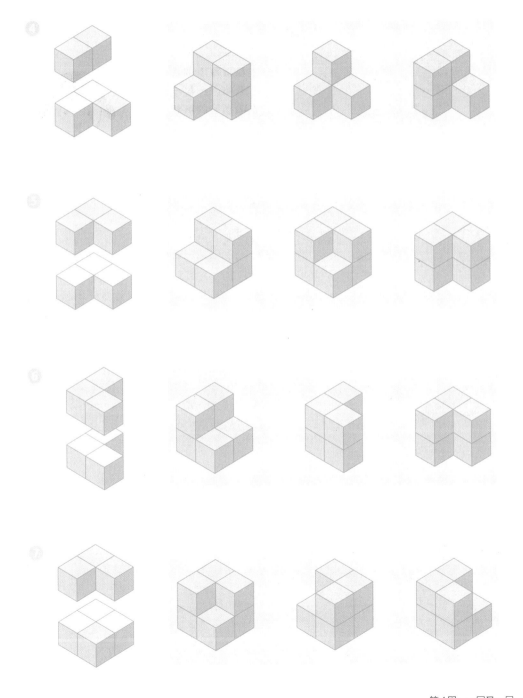

✎ 从右图中找出左边3层积木拼搭在一起的形状，并用○标出。

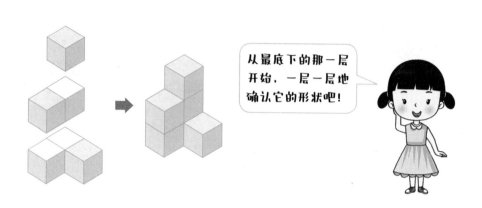

从最底下的那一层开始，一层一层地确认它的形状吧！

❶

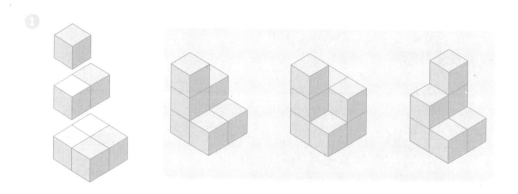

❷

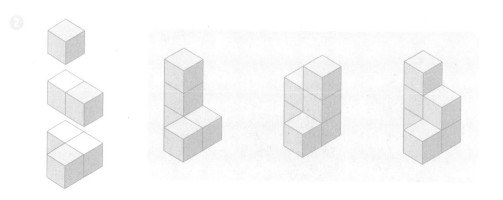

◆ 数出下列积木中每层方块的个数，并按照从下往上的
顺序将正确的数字填入 ▢ 内。

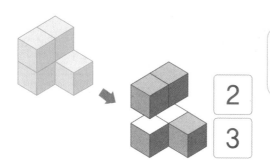

2

3

从下往上数的话，
第1层有3个方块，
第2层有2个方块。

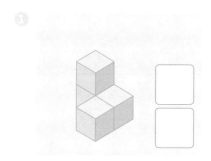

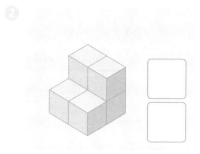

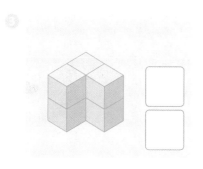

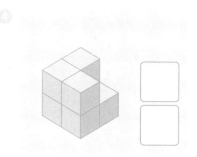

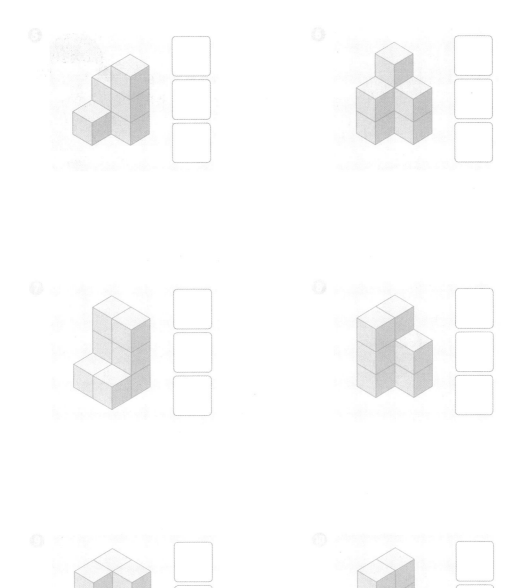

数出下列积木中所有方块的数量，并填入 □ 内。

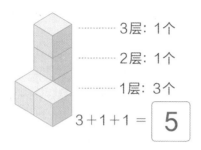

3层: 1个

2层: 1个

1层: 3个

$3+1+1=\boxed{5}$

每层方块数量之和就是这个积木中方块的总数。

①

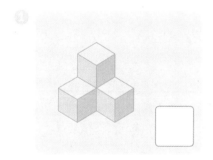

②

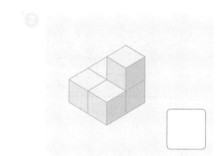

③

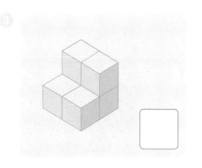

④

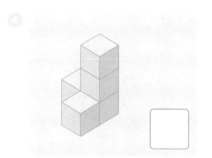

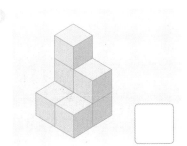

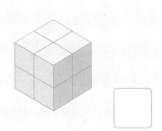

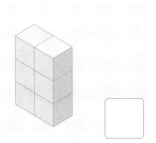

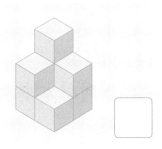

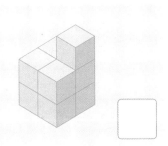

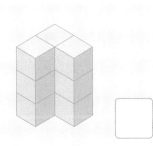

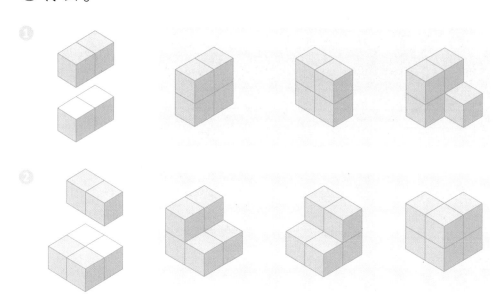

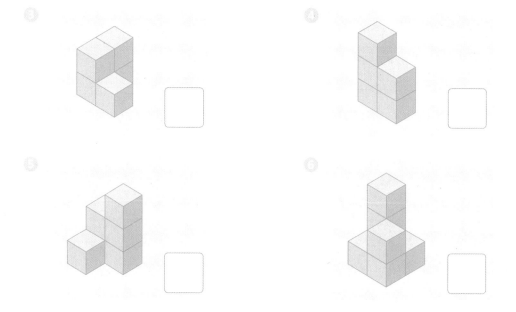

◆ 从右图中找出左边2层积木拼搭在一起的形状，并用 ○标出。

◆ 数出下列积木中所有方块的数量，并填入 ☐ 内。

评价测试

🔍 此前4周的学习内容会出现在评价测试中。如果题目做错了，请确认是第几周的内容，并认真复习直到学会。

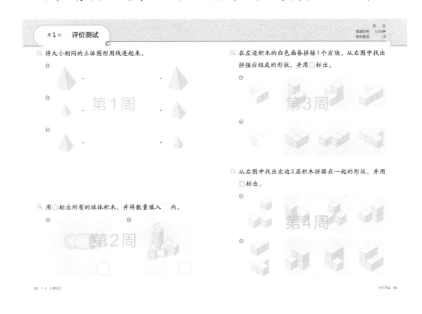

将大小相同的立体图形用线连起来。

 用○标出所有的球体积木，并将数量填入 ▢ 内。

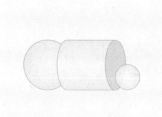

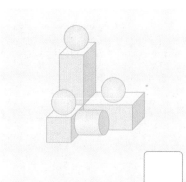

在左边积木的白色面各拼接1个方块，从右图中找出拼接后组成的形状，并用○标出。

6

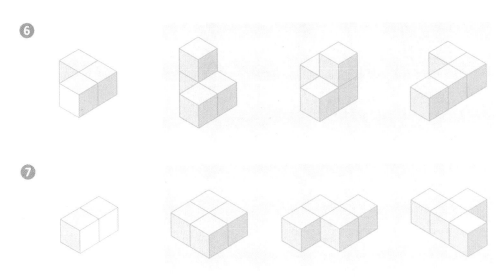

7

从右图中找出左边2层积木拼搭在一起的形状，并用○标出。

8

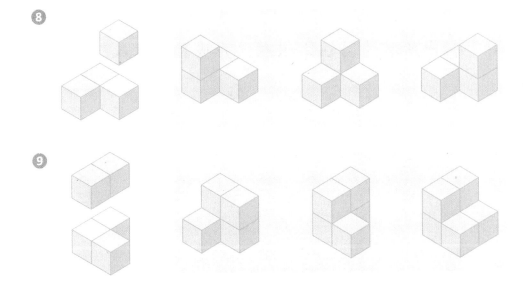

9

找出与左图形状相同的立体图形，并用○标出。

1

2

用○标出所有的圆柱体积木，并将数量填入 ▢ 内。

3

4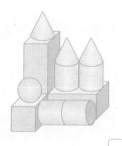

从右图中找出与左边形状相同的积木，并用○标出。

5

6

数出下列积木中所有方块的数量，并填入 ⬜ 内。

7

8

9

10

🔍 找出与其他3个不一样的立体图形，并用 ✕ 标出。

❶

❷

🔍 用 ◯ 标出所有的圆锥体积木，并将数量填入 ▢ 内。

❸　　　　　　　　　　　　　　　　　　❹

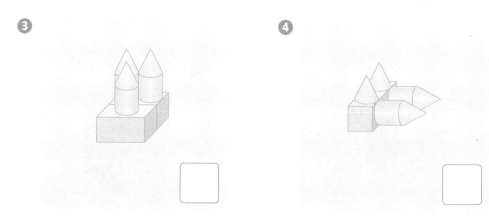

🔍 在左边积木的白色面各拼接1个方块，从右图中找出拼接后组成的形状，并用○标出。

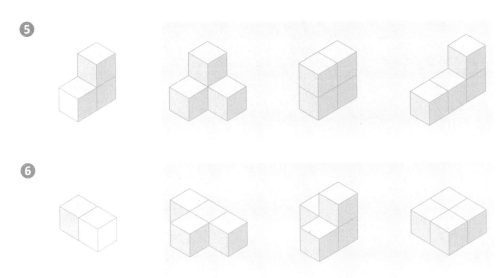

❺

❻

🔍 数出下列积木中所有方块的数量，并填入 ▢ 内。

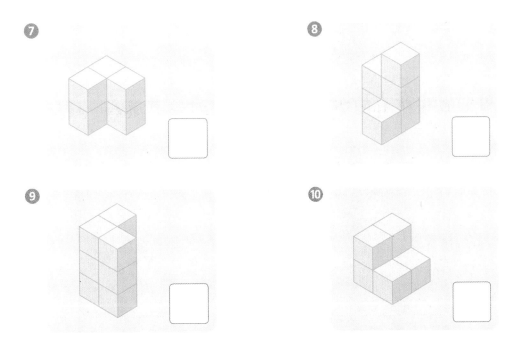

❼

❽

❾

❿

找出与左图形状相同的立体图形，并用○标出。

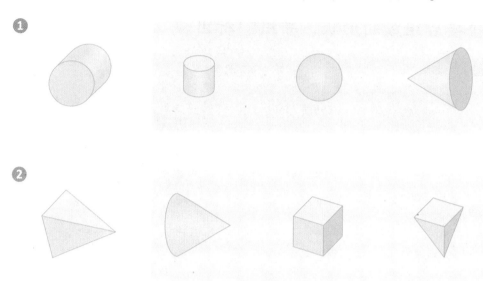

①

②

用○标出所有的长方体积木，并将数量填入□内。

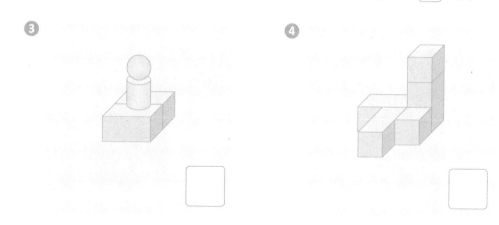

③

④

🔍 找出拼搭方式与其他3组不同的1组积木，并用 ✕
标出。

❺

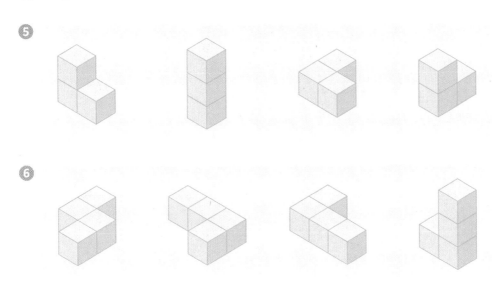

❻

🔍 从右图中找出左边2层积木拼搭在一起的形状，并用
〇标出。

❼

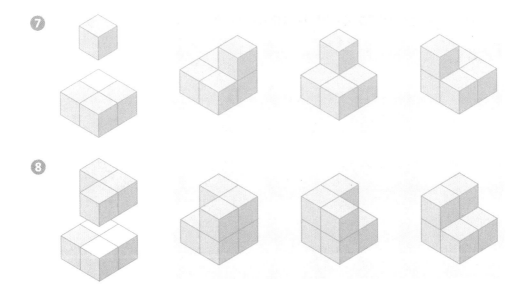

❽

🔍 找出与其他3个不一样的立体图形，并用 ✕ 标出。

①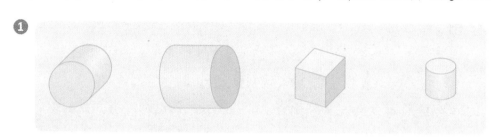

②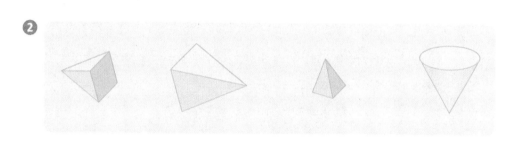

🔍 在不同类型的积木中找出数量最多的一种，并用 ○ 标出。

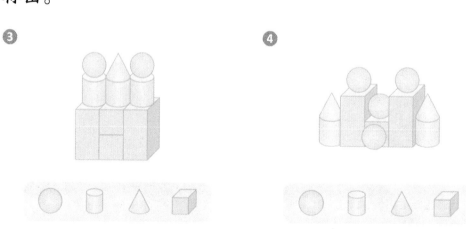

❸

❹

🔍 在左边积木的白色面各拼接1个方块，从右图中找出拼接后组成的形状，并用○标出。

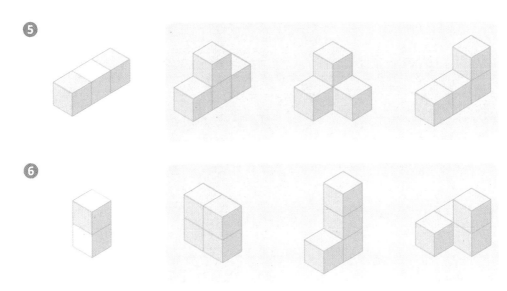

🔍 数出下列积木中所有方块的数量，并填入▢内。

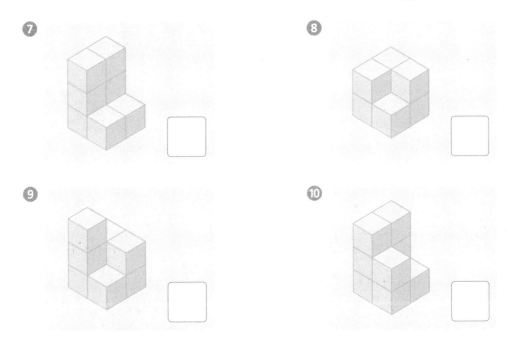

1级

空间思维
培养全书

1-4 空间认知

《空间思维培养全书》的结构与学习方法

· 每天花10分钟完成2页图形练习，轻松无负担！
· 每周5天进行每日练习，第5天再对每周重点图形进行巩固练习。
· 共5回评价测试，逐步提升空间能力！

每周学习内容

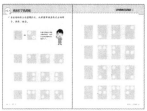

每日练习:
"小数学家"们的
重点练习，通过给
出的提示完成阶段
性学习。

巩固练习:
复习重点内
容，完成一
周的学习。

第1周	第1天	第2天	第3天	第4天	第5天/巩固练习
	第66~67页	第68~69页	第70~71页	第72~73页	第74~76页

第2周	第1天	第2天	第3天	第4天	第5天/巩固练习
	第78~79页	第80~81页	第82~83页	第84~85页	第86~88页

第3周	第1天	第2天	第3天	第4天	第5天/巩固练习
	第90~91页	第92~93页	第94~95页	第96~97页	第98~100页

第4周	第1天	第2天	第3天	第4天	第5天/巩固练习
	第102~103页	第104~105页	第106~107页	第108~109页	第110~112页

评价测试内容

评价测试:
对4周的学习内容进行
评价，看看自己在哪一
方面还存在不足。

评价测试	第1回	第2回	第3回	第4回	第5回
	第114~115页	第116~117页	第118~119页	第120~121页	第122~123页

打了孔的纸

找出打了孔的纸

◆ 在左边的纸上沿虚线打孔，从右图中找出打孔后的样子，并用○标出。

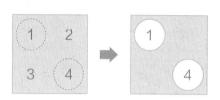

在原来的纸上用数字做好标记，就可以分辨出哪些地方被打孔了。

①

②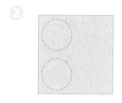

③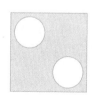

◆ 将打了孔的纸盖在印有图形的纸上，用○标出从孔
中看到的图形。

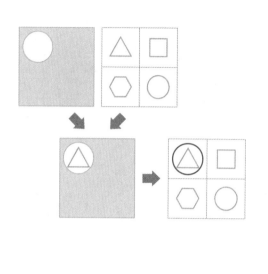

我们只能看到与孔处在同一位置的那个图形。

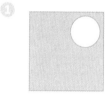 →

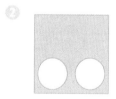 →

 →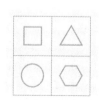

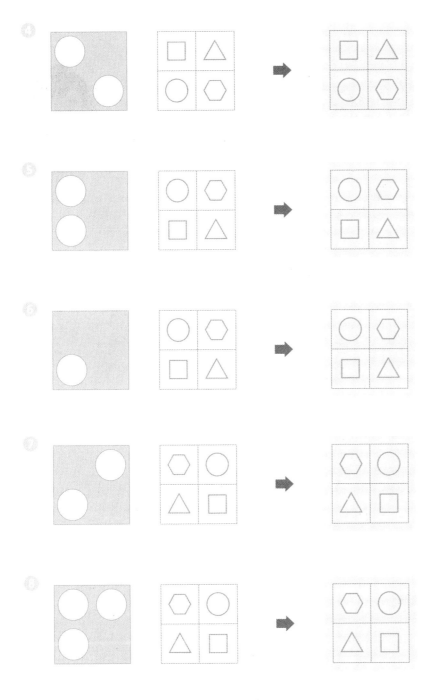

在左边的纸上标出需要打孔的位置，使其盖住右边印有图形的纸后只能看到 △ 或 □。

要先在右边印有图形的纸上找到 △ 或 □ 所在的位置。

①  　　②

③  　　④

⑤ 　　⑥

✏️ 将打了孔的纸盖在印有图形的纸上，用○标出从孔
　中看到的图形。

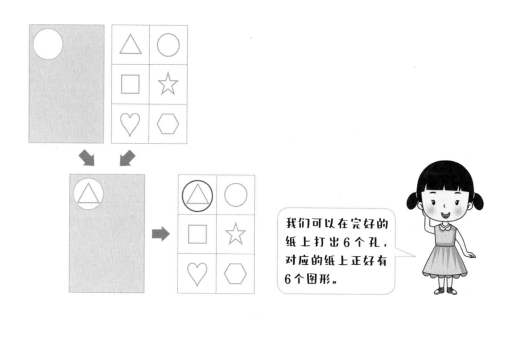

我们可以在完好的纸上打出6个孔，对应的纸上正好有6个图形。

❶

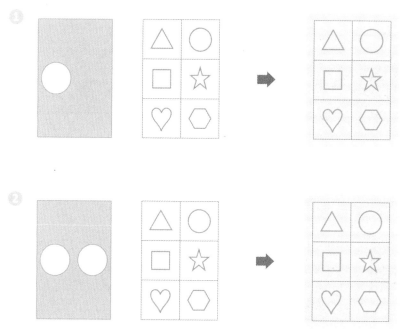

❷

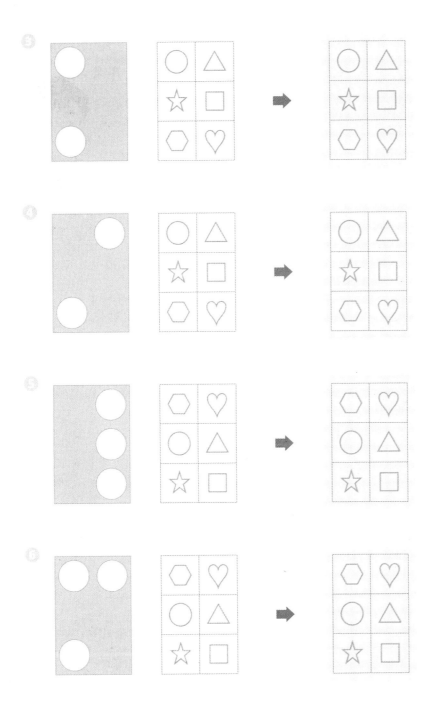

纸上打孔（2）

在左边的纸上标出需要打孔的位置，使其盖住右边印有图形的纸后只能看到△、□、○。

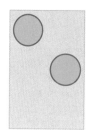 

先找到△、□、○这3个图形所在的位置，再标出需要打孔的位置。

①

②

③

④

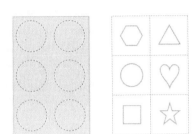

✏ 将打了孔的纸盖在印有图形的纸上，用○标出从孔中看到的图形。

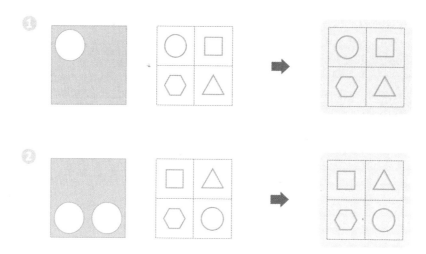

✏ 在左边的纸上标出需要打孔的位置，使其盖住右边印有图形的纸后只能看到△、□、○。

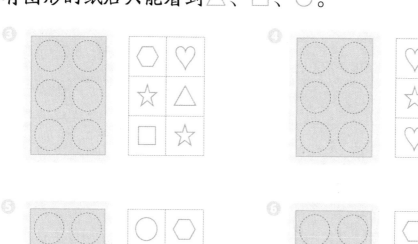

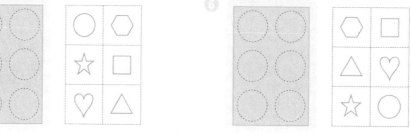

✏️ 将左边的纸沿虚线折叠，从右图中找出折叠后的样子，并用〇标出。

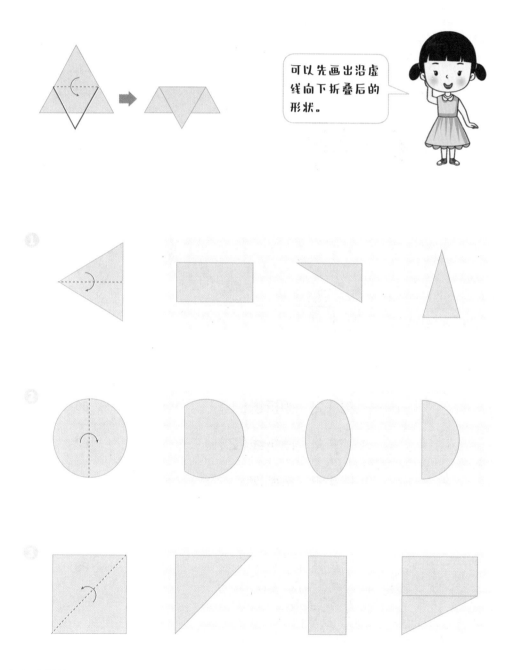

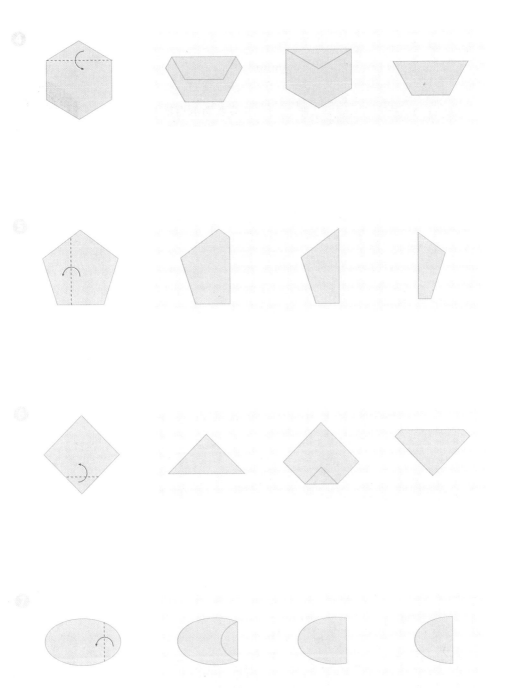

✏️ 在左边的纸上画一条折线，使其折叠后形成右边的形状。

在折叠的图形上画出原来图形的轮廓，就可以轻松地找到啦！

①

②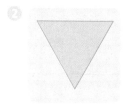

③

④

⑤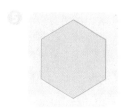

⑥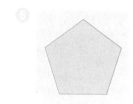

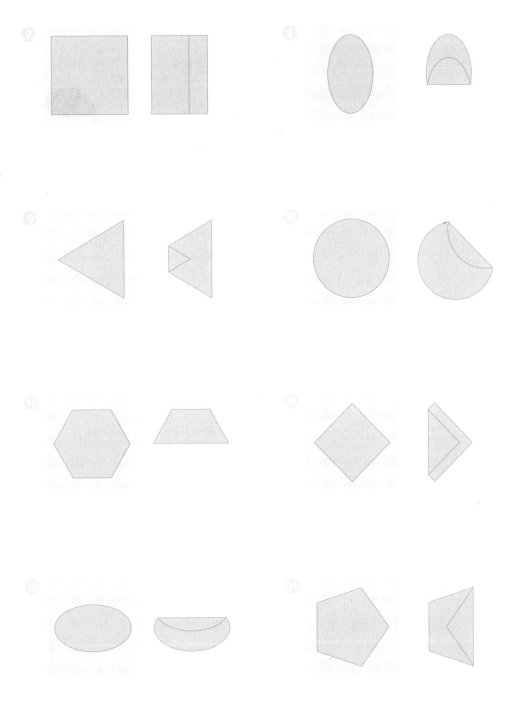

◇ 在左边的两个图形上分别画一条折线，使原图经过两次折叠后形成右边的形状。

先想好每次折叠后出现的形状，再画折线。

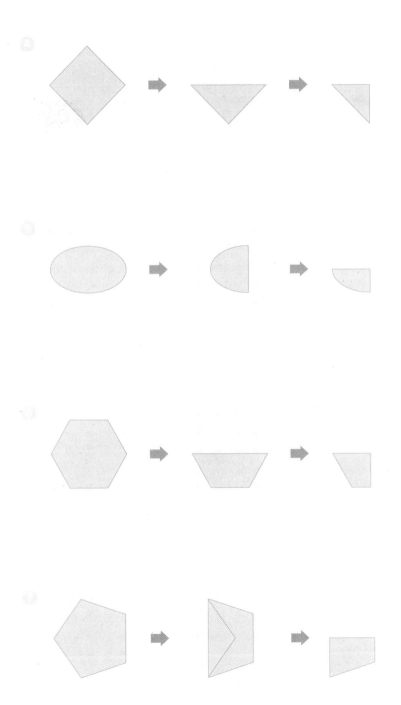

第**4**天　**折两次**

将左边的纸沿虚线折叠两次，从右图中找出折叠后的
样子，并用○标出。

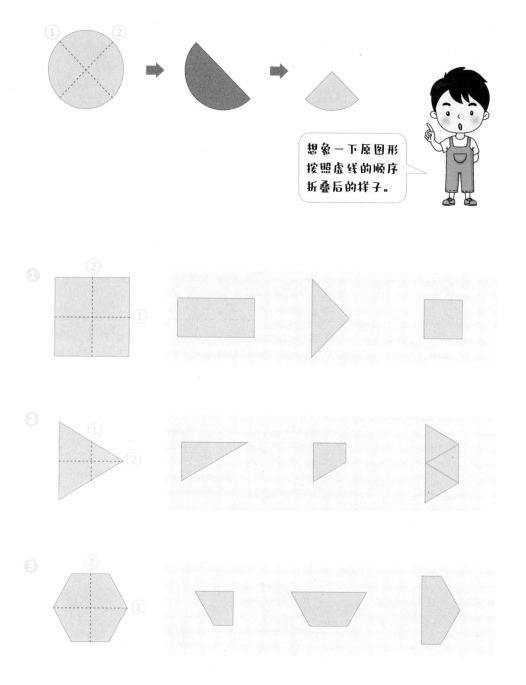

想象一下原图形
按照虚线的顺序
折叠后的样子。

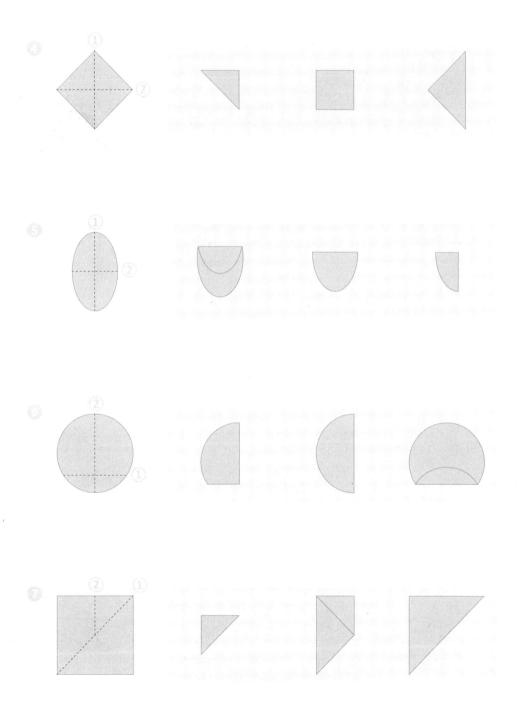

找一找，连一连

✎ 找出不同折叠方式所对应的折叠后的形状，并用线连一连。

同样的图形通过不同的折叠方式可以形成不同的形状。

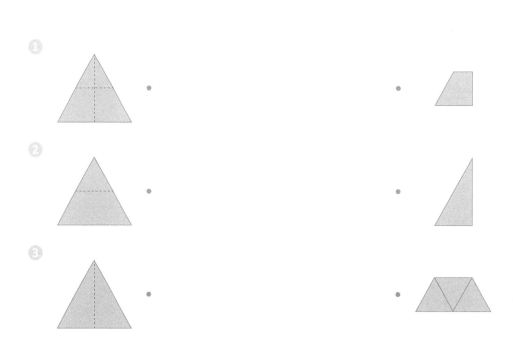

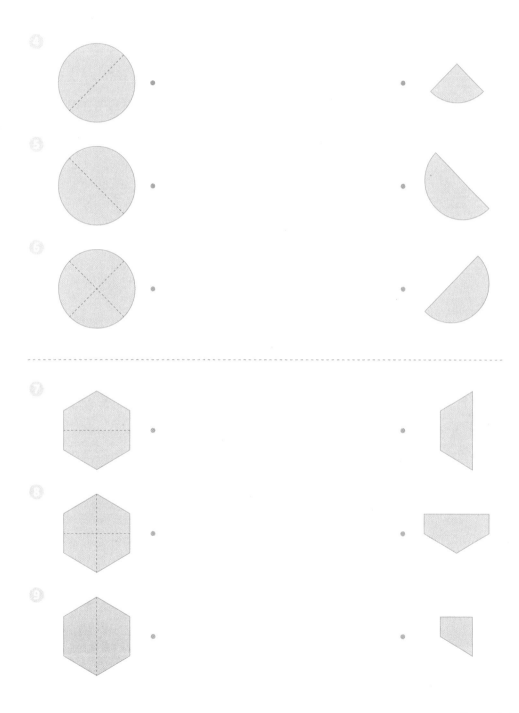

在左边的两个图形上分别画一条折线，使原图经过两次折叠后形成右边的形状。

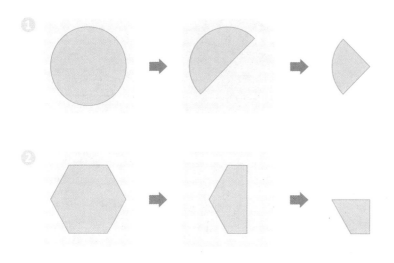

将左边的纸沿虚线折叠两次，从右图中找出折叠后的样子，并用○标出。

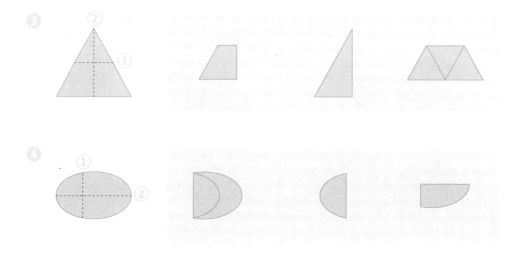

第3周

从不同方向观察

用○标出依箭头方向观察左边图形时看到的形状。

从箭头所指的方向看，短的那条边是横向的。

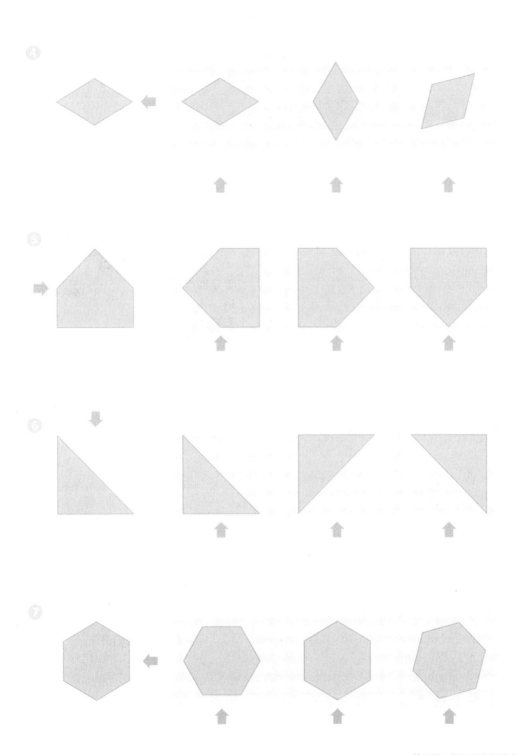

找出合适的箭头并涂上颜色，使依箭头方向看过去的形状如下图所示。

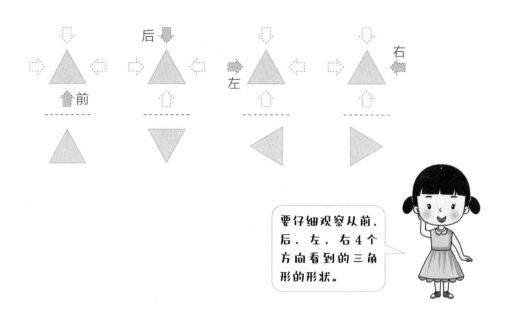

要仔细观察从前、后、左、右4个方向看到的三角形的形状。

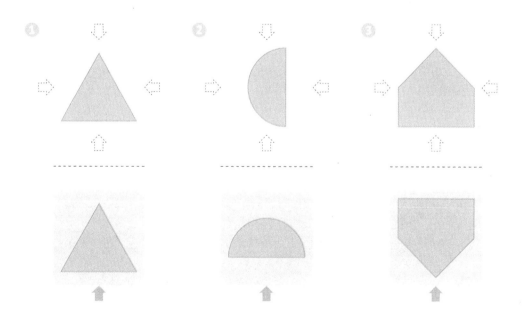

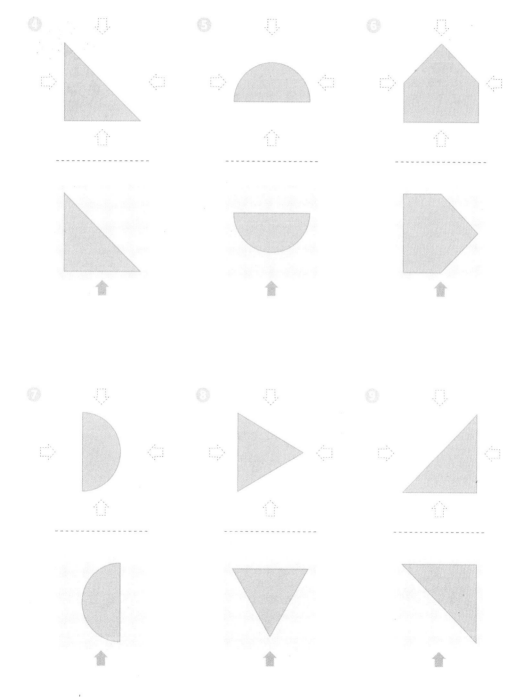

从不同方向观察正方形

用 ○ 标出依箭头方向观察左边图形时看到的形状。

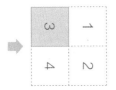 

先给图中的每一个方格编号，然后根据涂有颜色的方格序号所在的位置，找出正确的图形。

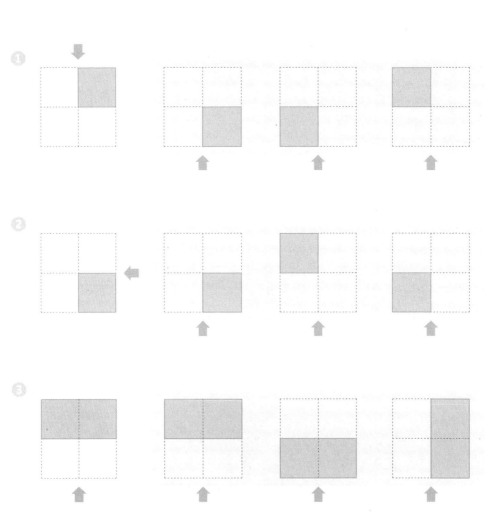

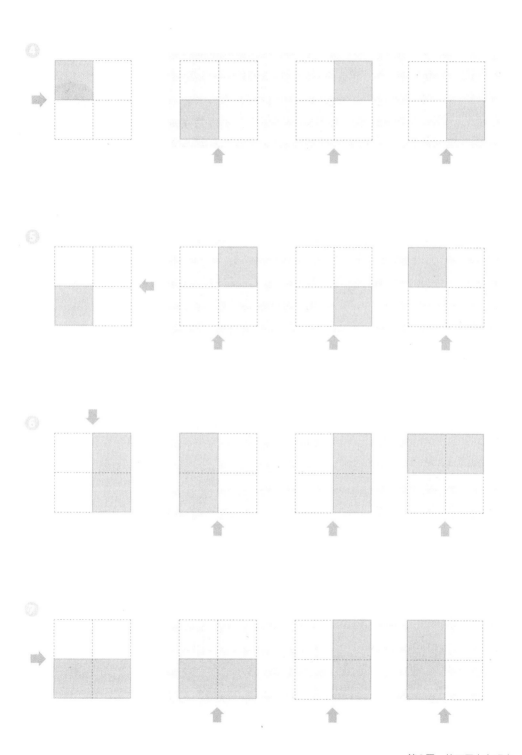

从不同方向观察三角形

用○标出依箭头方向观察左边图形时看到的形状。

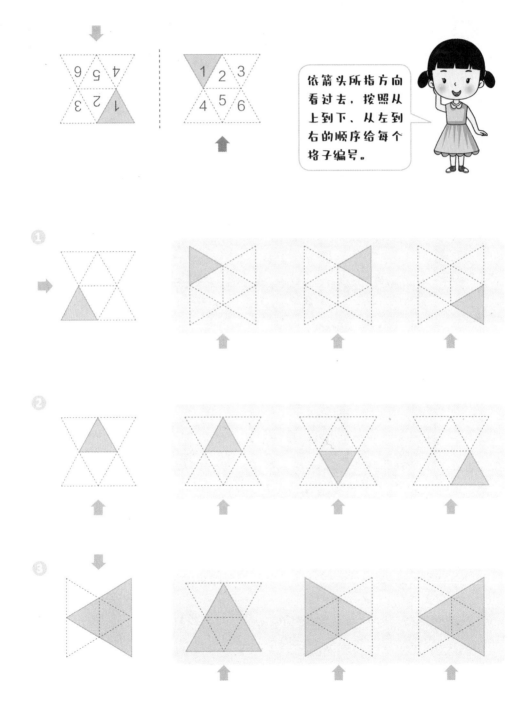

依箭头所指方向看过去，按照从上到下、从左到右的顺序给每个格子编号。

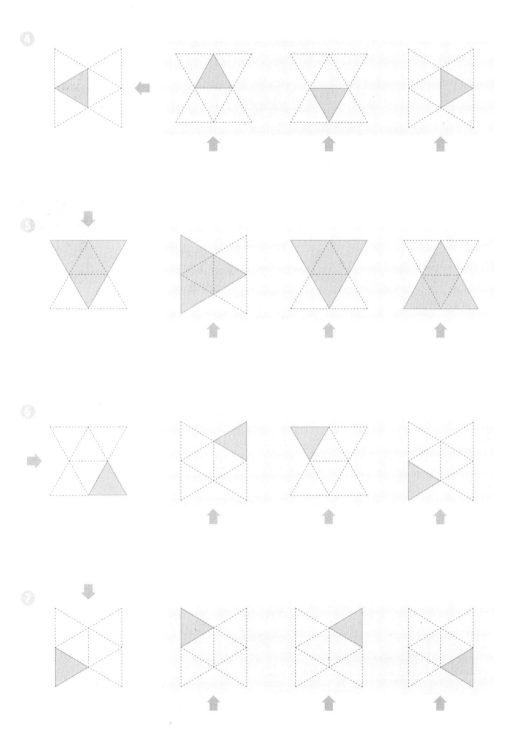

◆ 找出合适的箭头并涂上颜色，使依箭头方向看过去的
　形状如下图所示。

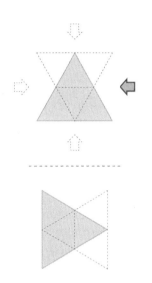

可以先把下面的图
形画在上面图形的
旁边，然后向4个
方向分别确认。

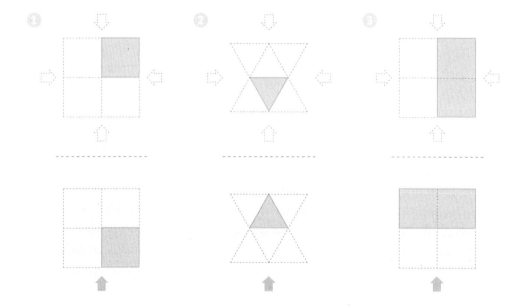

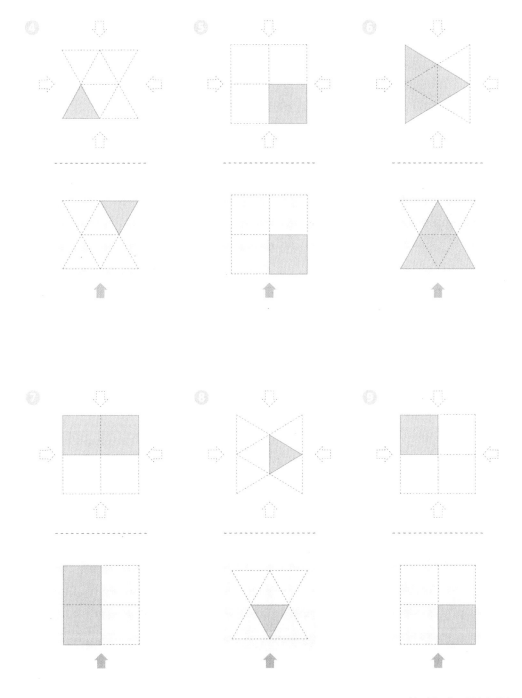

◆ 找出合适的箭头并涂上颜色，使依箭头方向看过去的
形状如下图所示。

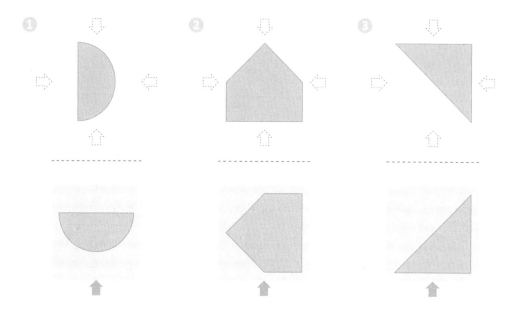

◆ 用○标出依箭头方向观察左边图形时看到的形状。

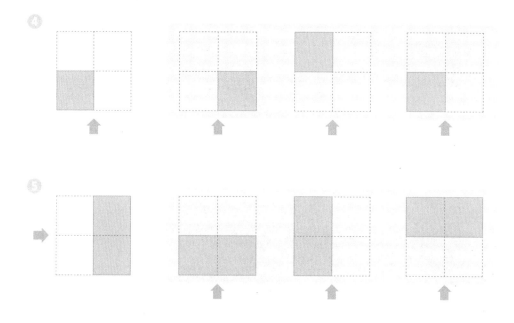

图形的重叠

◆ 将○、△、□叠在一起，画出重叠的部分。

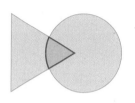

要先弄清楚下面那个图形的形状。

①

②

③

④

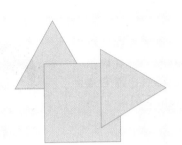

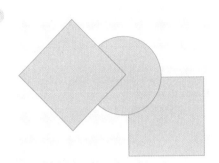

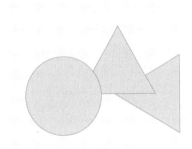

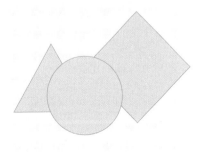

✏️ 按照从上到下叠压的顺序，在 ☐ 内填入 ○、△、□。

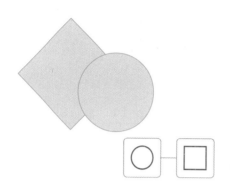

如果能看到一个完整的、没有被遮盖的图形，那它就是最上面的。

❶
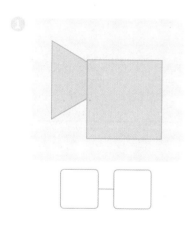

❷
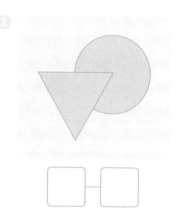

❸
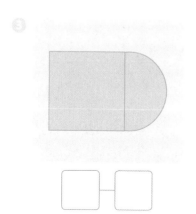

❹

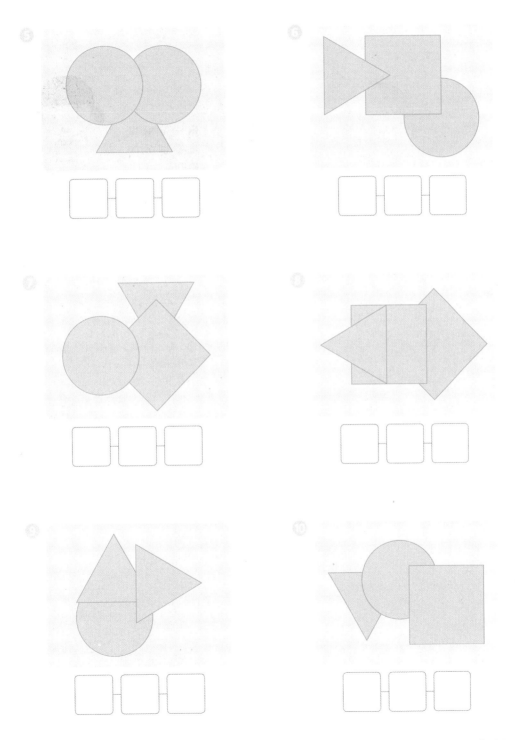

✏️ 将○、△、□重叠，画出每组图形中重叠的部分。

用铅笔描出重叠部分的轮廓。

❶

❷

❸

❹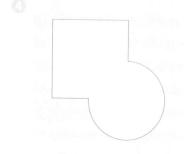

⑤

⑥

⑦

⑧

⑨

⑩

✏️ 找出图中所有重叠的图形，并用〇标出。

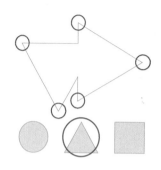

可以通过观察每个重叠图形的角的形状，来判断它是什么图形。

①

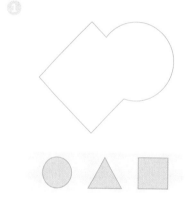

②

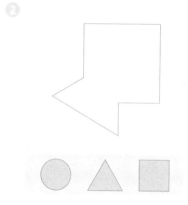

③

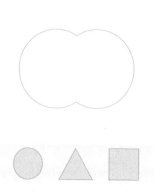

④

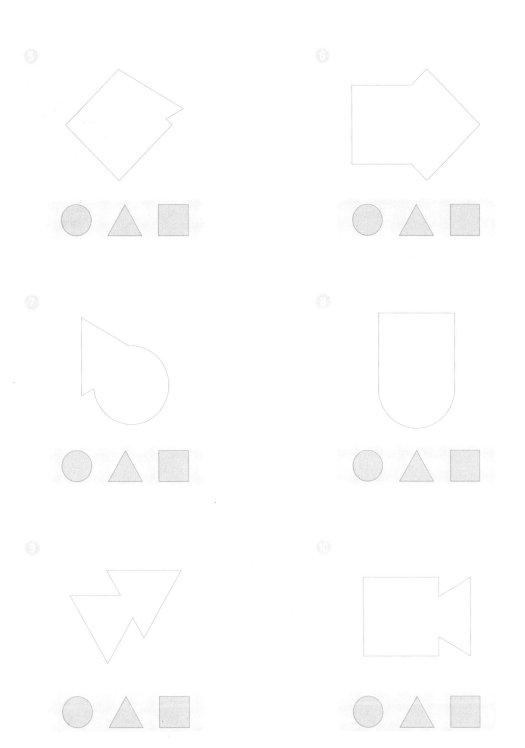

◆ 找出重叠成下图用不到的形状，并用 ✕ 标出。

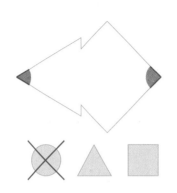

正方形的角要比三角形的角更大一些。

①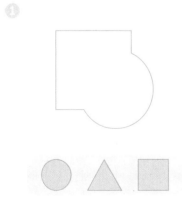

②

③

④

◆ 将○、△、□重叠，画出每组图形中重叠的部分。

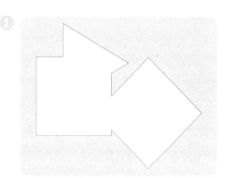

◆ 找出重叠成下图用不到的形状，并用 ✕ 标出。

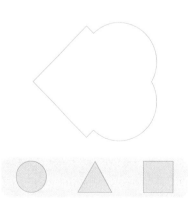

评价测试

此前4周的学习内容会出现在评价测试中。如果题目做错了，请确认是第几周的内容，并认真复习直到学会。

第1回 评价测试

将打了孔的纸盖在印有图形的纸上，用○标出从孔中看到的图形。

第1周

找出合适的箭头并涂上颜色，使依箭头方向看过去的形状如下图所示。

第3周

将左边的纸沿虚线折叠两次，从右图中找出折叠后的样子，并用○标出。

第2周

将○、△、□重叠，画出每组图形中重叠的部分。

第4周

将打了孔的纸盖在印有图形的纸上，用〇标出从孔中看到的图形。

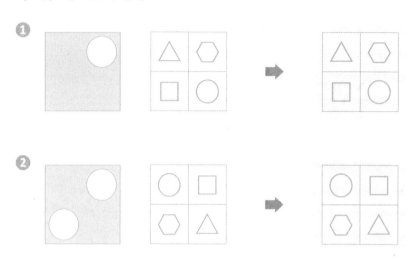

将左边的纸沿虚线折叠两次，从右图中找出折叠后的样子，并用〇标出。

找出合适的箭头并涂上颜色，使依箭头方向看过去的
形状如下图所示。

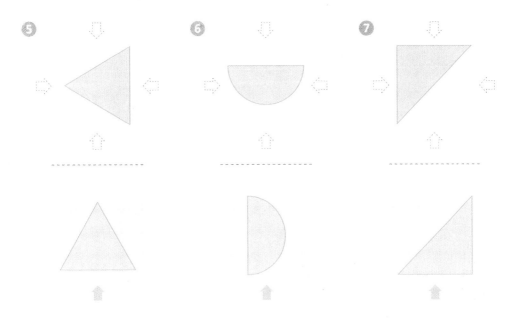

将〇、△、□重叠，画出每组图形中重叠的部分。

🔍 在左边的纸上标出需要打孔的位置，使其盖住右边印
有图形的纸后只能看到△、□、○。

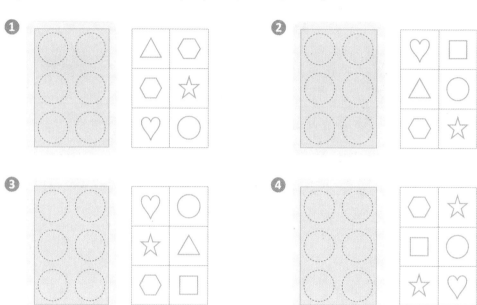

🔍 在左边的两个图形上分别画一条折线，使原图经过两
次折叠后形成右边的形状。

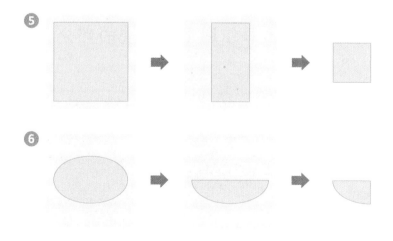

用〇标出依箭头方向观察左边图形时看到的形状。

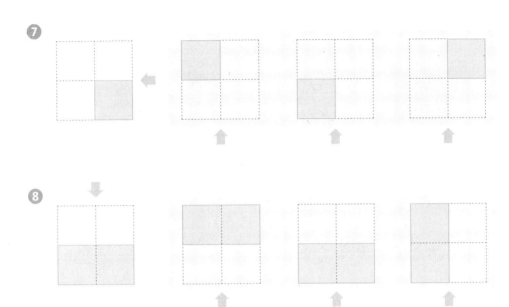

找出图中所有重叠的图形，并用〇标出。

🔍 在左边的纸上标出需要打孔的位置，使其盖住右边印有图形的纸后只能看到△或□。

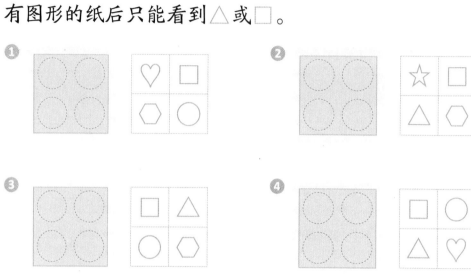

🔍 找出不同折叠方式所对应的折叠后的形状，并用线连一连。

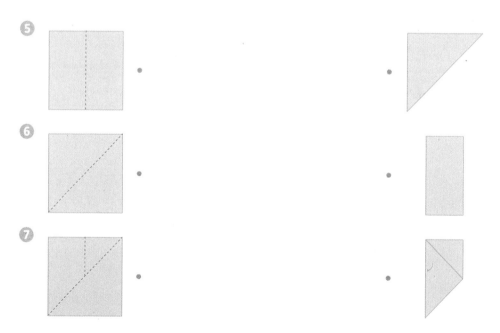

找出合适的箭头并涂上颜色，使依箭头方向看过去的形状如下图所示。

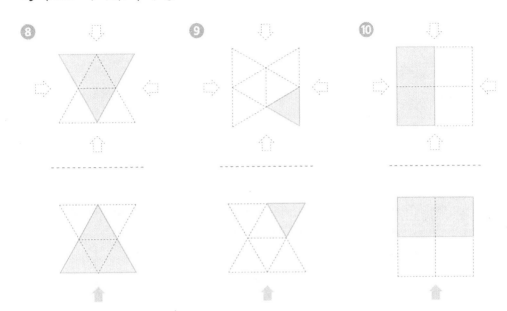

按照从上到下叠压的顺序，在□内填入○、△、□。

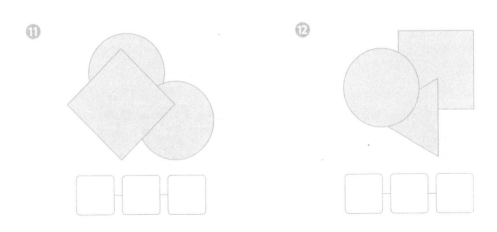

第**4**回 ： **评价测试**

🔍 将打了孔的纸盖在印有图形的纸上，用○标出从孔中看到的图形。

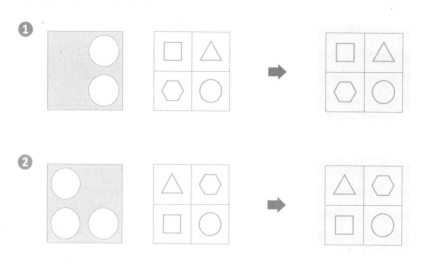

🔍 在左边的两个图形上分别画一条折线，使原图经过两次折叠后形成右边的形状。

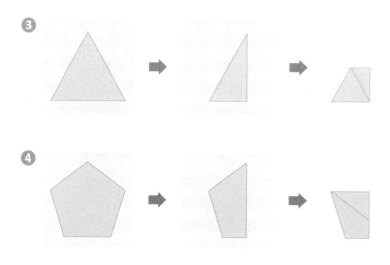

🔍 找出合适的箭头并涂上颜色，使依箭头方向看过去的形状如下图所示。

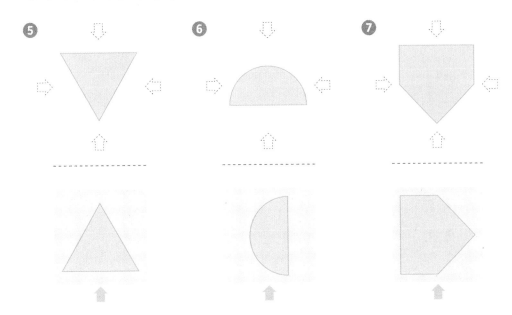

🔍 将○、△、□重叠，画出每组图形中重叠的部分。

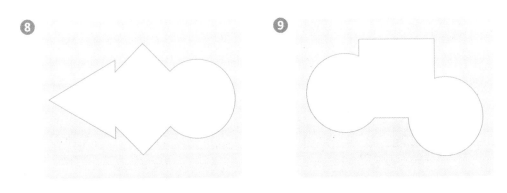

在左边的纸上标出需要打孔的位置，使其盖住右边印有图形的纸后只能看到△、□、○。

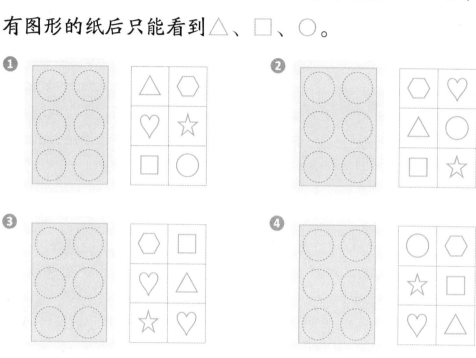

将左边的纸沿虚线折叠两次，从右图中找出折叠后的样子，并用○标出。

用○标出依箭头方向观察左边图形时看到的形状。

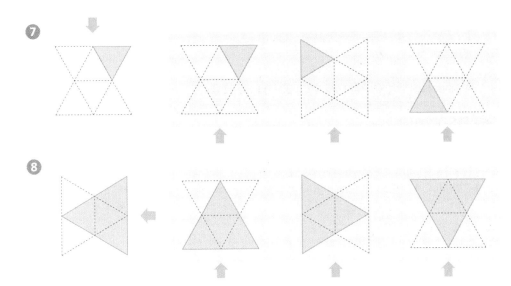

找出重叠成下图用不到的形状，并用×标出。

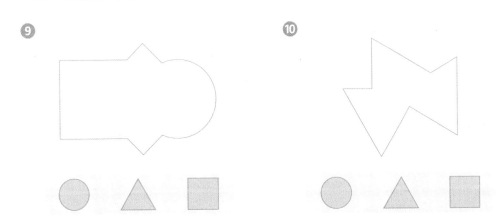

图书在版编目（CIP）数据

空间思维培养全书.1级/韩国C2M教育研究所编;(韩)
赵润雨译.——济南：山东人民出版社，2022.11
ISBN 978-7-209-14017-1

Ⅰ.①空… Ⅱ.①韩… ②赵… Ⅲ.①数学－少儿读物
Ⅳ.①O1-49

中国版本图书馆CIP数据核字(2022)第158237号

PLATO By C2MEDU CORP.
Copyright © 2014 by C2MEDU CORP. Korea
This simplified Chinese edition was published by Shandong People's Publishing House Co., Ltd in 2022,
By arrangement with Beijing Boyuanzhihua Co.,Ltd. (Wild Pony)
本书简体中文版权经由北京博源智华教育科技有限公司(疯狂小马)取得。
本书中文版权由C2MEDU CORP.授权山东人民出版社出版，未经出版社许可不得以任何方式
抄袭、复制或节录任何部分。

山东省版权局著作权合同登记号 图字：15-2022-128

空间思维培养全书·1级
KONGJIAN SIWEI PEIYANG QUANSHU 1 JI
[韩]C2M教育研究所 编 [韩]赵润雨 译

主管单位 山东出版传媒股份有限公司
出版发行 山东人民出版社
出 版 人 胡长青
社 址 济南市市中区舜耕路517号
邮 编 250003
电 话 总编室（0531）82098914
市场部（0531）82098027
网 址 http://www.sd-book.com.cn
印 装 济南新先锋彩印有限公司
经 销 新华书店

规 格 16开 (170mm×240mm)
印 张 32
字 数 230千字
版 次 2022年11月第1版
印 次 2022年11月第1次
ISBN 978-7-209-14017-1
定 价 164.00元（4册）
如有印装质量问题，请与出版社总编室联系调换。

1级

空间思维

培养全书

答案

1-4 立体设计 空间认知

第1天　相同的立体图形

◆ 找出相同的2个立体图形，并用○标出。

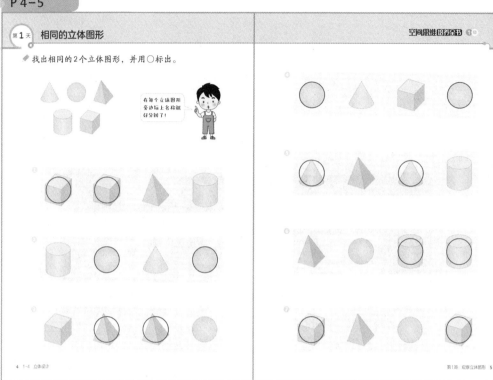

第2天　大小相同的立体图形

◆ 将大小相同的立体图形用线连起来。

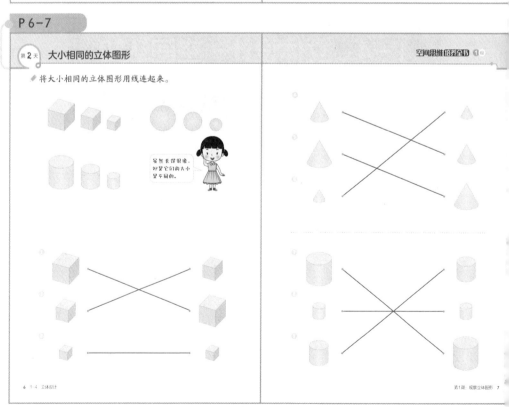

第3天 形状相同的立体图形（1）

空间思维培养全书 ①

◆ 找出与左图形状相同的立体图形，并用○标出。

左边的图形写然大小不一，但都是圆锥形的。

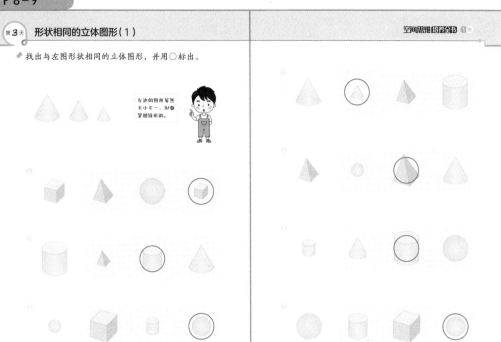

第4天 形状相同的立体图形（2）

空间思维培养全书 ①

◆ 找出与左图形状相同的立体图形，并用○标出。

圆柱体横着放倒之后的形状与竖着看时的形状看起来不太一样。

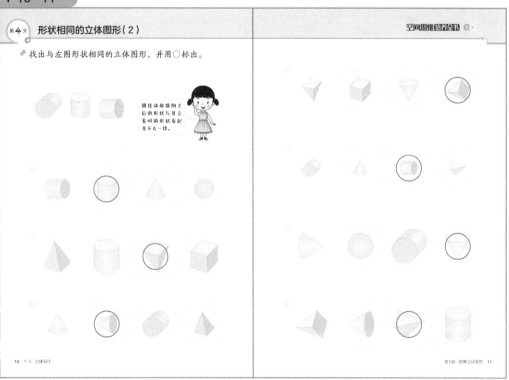

第**5**天 不同的立体图形

找出与其他3个不一样的立体图形，并用 ✕ 标出。

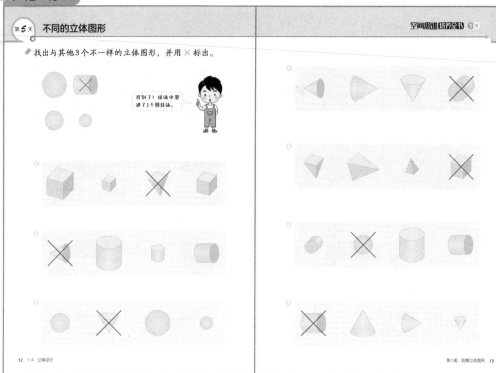

找到了！球体中混进了1个圆柱体。

巩固练习

将大小相同的立体图形用线连起来。

找出与其他3个不一样的立体图形，并用 ✕ 标出。

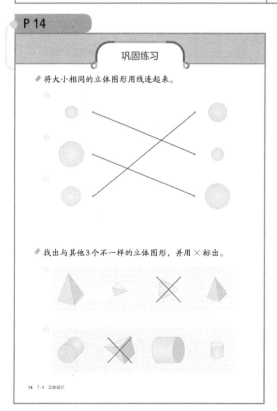

第1天 **球体积木**

空间思维培养全书 ①

用○标出所有的球体积木,并将数量填入 内。

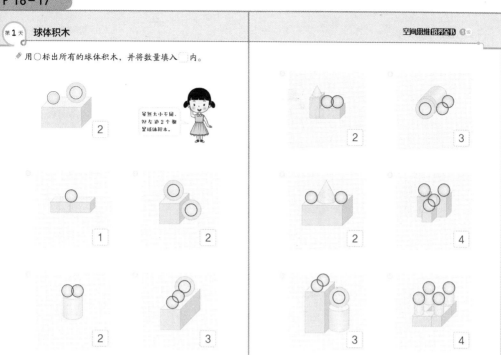

虽然大小不同,但左边2个都是球体积木。

2

2

3

1

2

2

4

2

3

3

4

第2天 **圆柱体积木**

空间思维培养全书 ①

用○标出所有的圆柱体积木,并将数量填入 内。

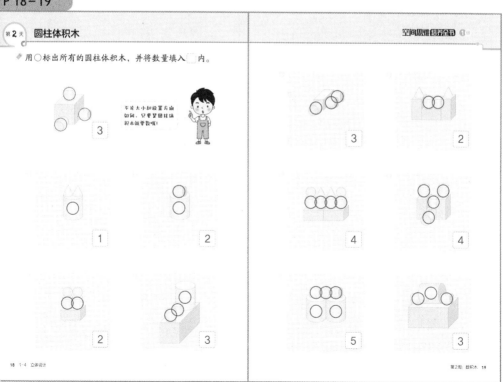

不论大小和放置方向如何,只要是圆柱体积木都要数喔!

3

3

2

1

2

4

4

2

3

5

3

第3天 圆锥体积木

✎ 用○标出所有的圆锥体积木，并将数量填入 内。

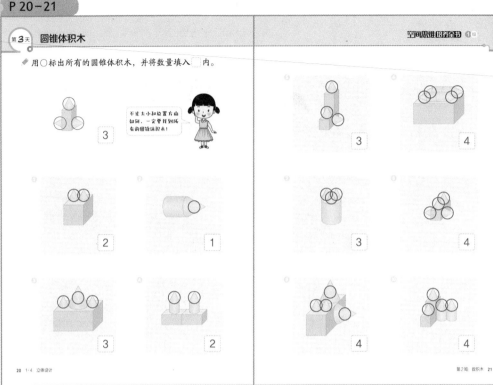

不论大小和位置方面
如何，一定要找到所
有的圆锥体积木！

第4天 长方体积木

✎ 用○标出所有的长方体积木，并将数量填入 内。

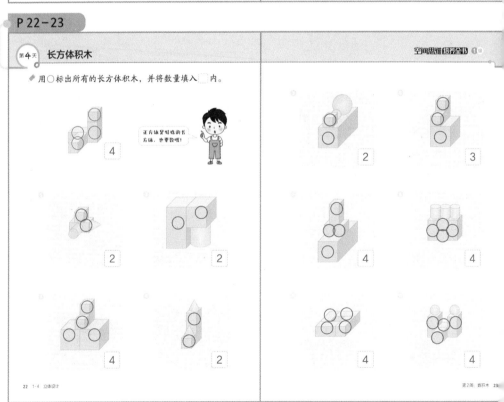

正方体是特殊的长
方体，也要数哦！

第5天 数量最多的积木

◆ 在不同类型的积木中找出数量最多的一种，并用○标出。

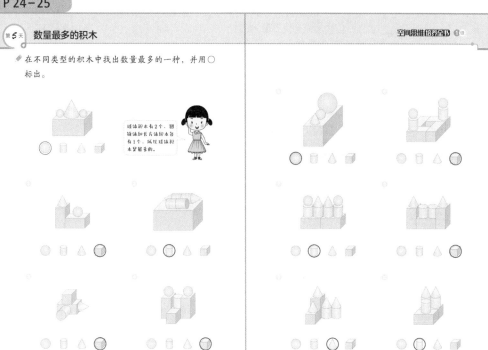

球体积木有2个，圆锥体和长方体积木各有1个，所以球体积木是最多的。

巩固练习

◆ 用○标出所有的长方体积木，并将数量填入 内。

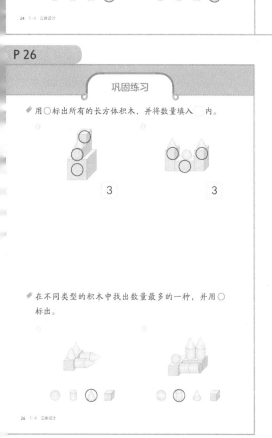

3

3

◆ 在不同类型的积木中找出数量最多的一种，并用○标出。

第1天 个数不同的形状

◆ 观察每组积木中方块的个数，并将数量与其他3组不同的那组用 × 标出。

3个 2个 3个

先数一数每组积木中方块的个数，再进行比较。

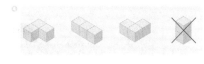

第2天 拼一拼（1）

◆ 在左边积木的白色面拼接1个方块，从右图中找出拼接后组成的形状，并用○标出。

 →

想象一下在白色那面拼接1个方块后组成的形状。

第3天 拼一拼（2）

在左边积木的白色面各拼接1个方块，从右图中找出拼接后组成的形状，并用○标出。

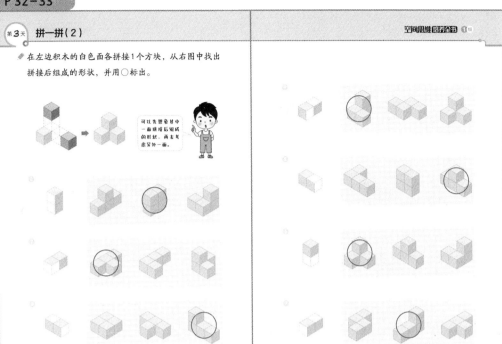

可以先想象其中一面拼接后组成的形状，再去考虑另外一面。

第4天 相同的积木

从右图中找出与左边形状相同的积木，并用○标出。

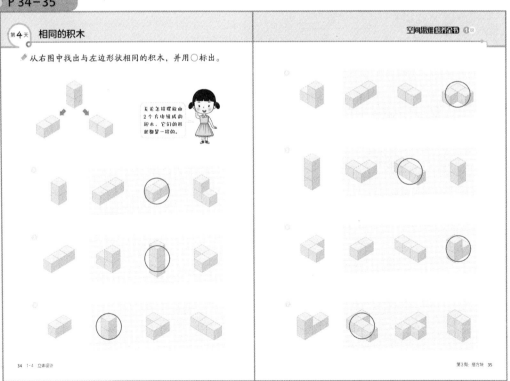

无论怎样摆放由2个方块组成的积木，它们的形状都是一样的。

第5天 不同的积木

找出拼搭方式与其他3组不同的1组积木，并用 × 标出。

一字形　　L形

3个方块间可以拼搭出不同的形状。

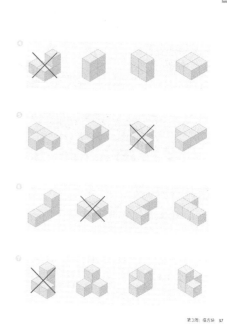

巩固练习

在左边积木的白色面各拼接1个方块，从右图中找出拼接后组成的形状，并用〇标出。

找出拼搭方式与其他3组不同的1组积木，并用 × 标出。

第1天 数层数

数出积木的层数，并填入 内。

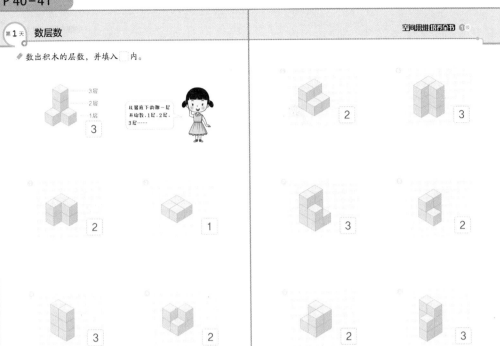

第2天 搭出2层积木

从右图中找出左边2层积木拼搭在一起的形状，并用〇标出。

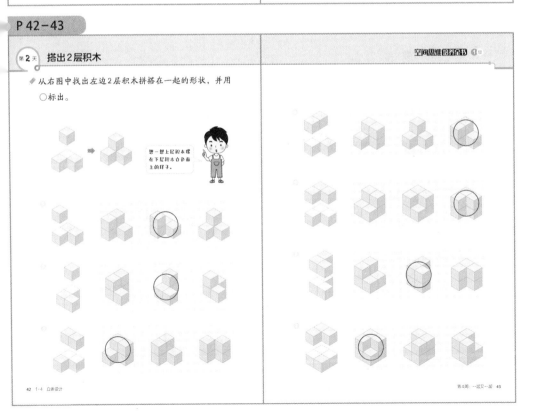

第3天 搭出3层积木

从右图中找出左边3层积木拼搭在一起的形状，并用○标出。

从留底下的那一层开始，一层一层地确认它的形状吧!

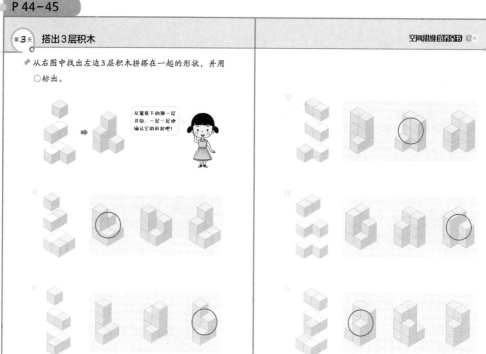

第4天 每层方块的个数

数出下列积木中每层方块的个数，并按照从下往上的顺序将正确的数字填入 内。

从下往上数的话，第1层有3个方块，第2层有2个方块。

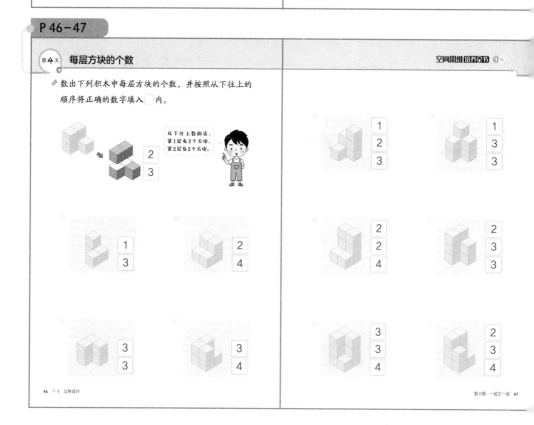

第5天 方块的总数

◆ 数出下列积木中所有方块的数量,并填入 ▢ 内。

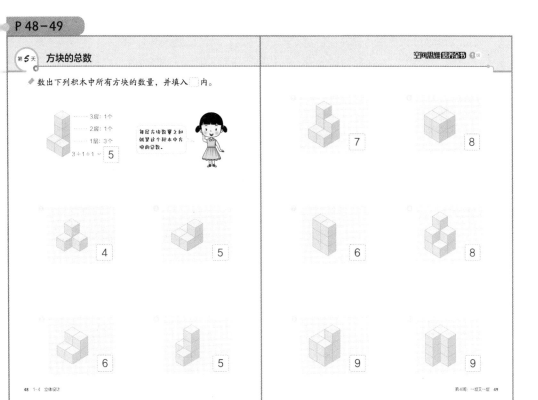

3层:1个
2层:1个
1层:3个
3+1+1 = 5

每层方块数量之和就是这个积木中方块的总数。

7

8

4

5

6

8

6

5

9

9

巩固练习

◆ 从右图中找出左边2层积木拼搭在一起的形状,并用 ○ 标出。

◆ 数出下列积木中所有方块的数量,并填入 ▢ 内。

5

5

6

7

第1回 ： 评价测试

月 日
规定时间 10分钟
答对题目 /9

将大小相同的立体图形用线连起来。

❶
❷
❸

用○标出所有的球体积木，并将数量填入 ▢ 内。
❹
❺

2

3

在左边积木的白色面各拼接1个方块，从右图中找出拼接后组成的形状，并用○标出。
❻
❼

从右图中找出左边2层积木拼搭在一起的形状，并用○标出。
❽
❾

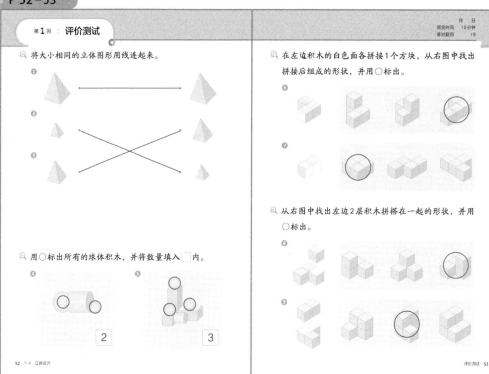

第2回 ： 评价测试

月 日
规定时间 10分钟
答对题目 /10

找出与左图形状相同的立体图形，并用○标出。
❶
❷

用○标出所有的圆柱体积木，并将数量填入 ▢ 内。
❸
❹

3

4

从右图中找出与左边形状相同的积木，并用○标出。
❺
❻

数出下列积木中所有方块的数量，并填入 ▢ 内。
❼
5
❽
6
❾
7
❿
9

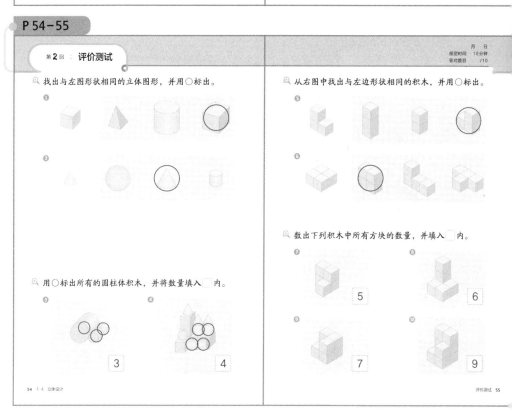

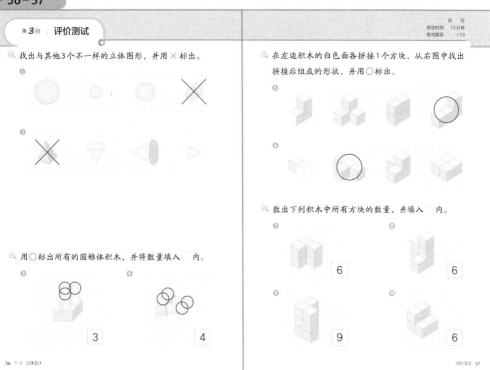

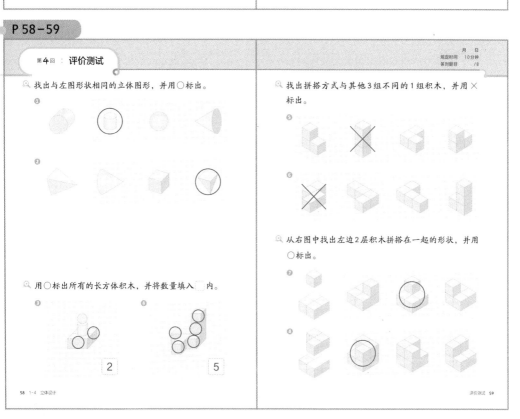

第 *5* 回 ： 评价测试

找出与其他3个不一样的立体图形，并用 × 标出。

在左边积木的白色面各拼接1个方块，从右图中找出拼接后组成的形状，并用〇标出。

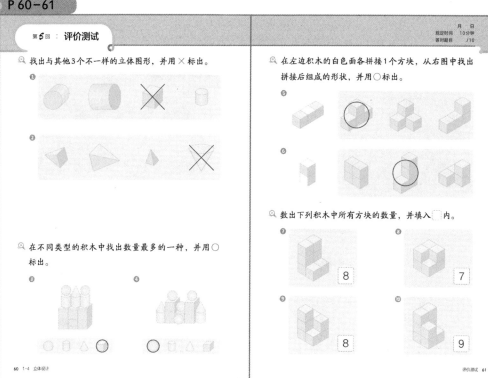

在不同类型的积木中找出数量最多的一种，并用〇标出。

数出下列积木中所有方块的数量，并填入 ▢ 内。

⑦ 8
⑧ 7
⑨ 8
⑩ 9

第1天 找出打了孔的纸

◆ 在左边的纸上沿虚线打孔,从右图中找出扎孔后的样子,并用○标出。

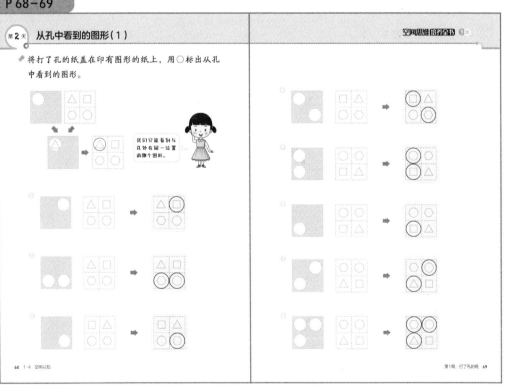

第2天 从孔中看到的图形(1)

◆ 将打了孔的纸盖在印有图形的纸上,用○标出从孔中看到的图形。

第**3**天 纸上打孔（1）

在左边的纸上标出需要打孔的位置，使其盖住右边印有图形的纸后只能看到△或□。

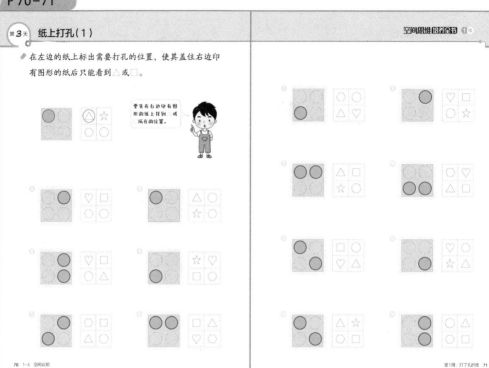

第**4**天 从孔中看到的图形（2）

将打了孔的纸盖在印有图形的纸上，用○标出从孔中看到的图形。

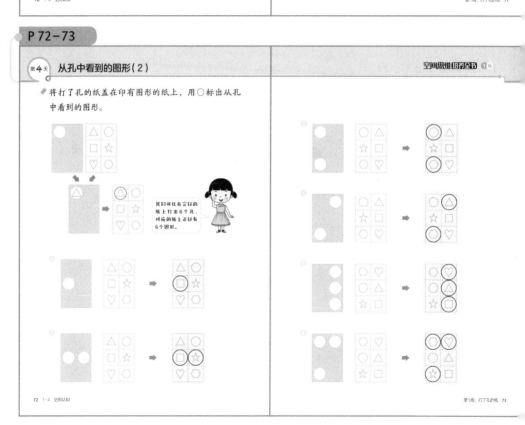

第5天　纸上打孔（2）

◆ 在左边的纸上标出需要打孔的位置，使其盖住右边印有图形的纸后只能看到 △、□、○。

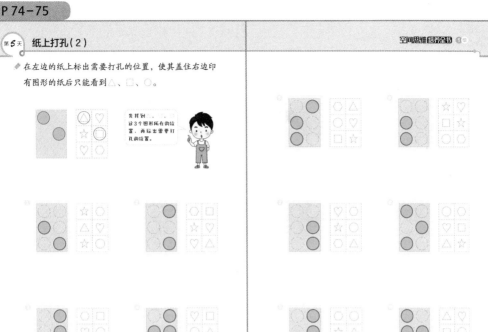

巩固练习

 将打了孔的纸盖在印有图形的纸上，用 ○ 标出从孔中看到的图形。

◆ 在左边的纸上标出需要打孔的位置，使其盖住右边印有图形的纸后只能看到 △、□、○。

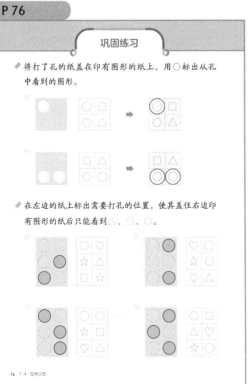

第1天 折一次

空间思维培养全书 1级

将左边的纸沿虚线折叠，从右图中找出折叠后的样子，并用○标出。

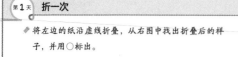

可以先画出沿虚线向下折叠后的形状。

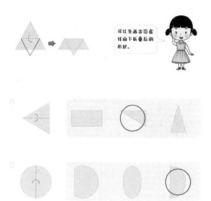

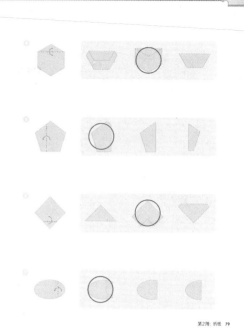

第2天 画折线（1）

空间思维培养全书 1级

在左边的纸上画一条折线，使其折叠后形成右边的形状。

在折叠的图形上画出原来图形的轮廓，就可以轻松地找到啦！

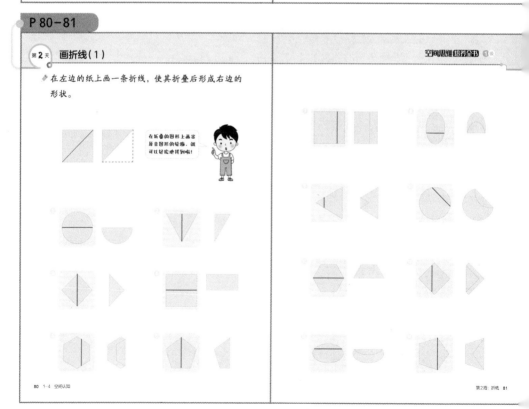

在左边的两个图形上分别画一条折线，使原图经过两次折叠后形成右边的形状。

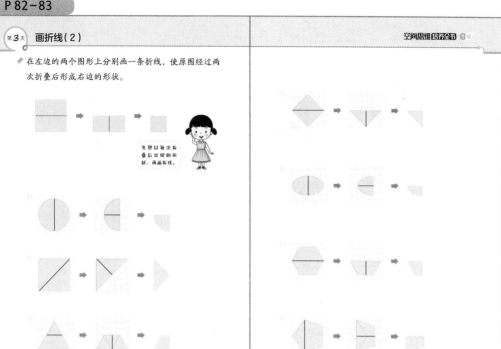

先想好每次折叠后出现的形状，再画折线。

将左边的纸沿虚线折叠两次，从右图中找出折叠后的样子，并用○标出。

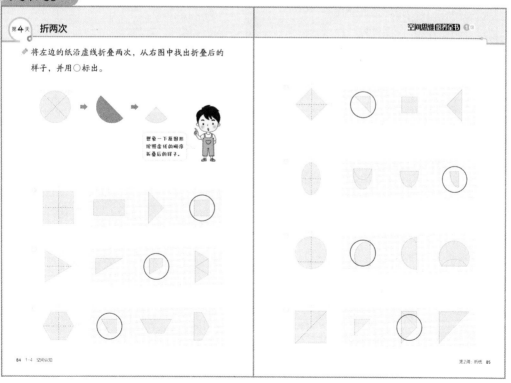

想象一下原图形按照虚线的顺序折叠后的样子。

第**5**天 找一找，连一连

◈ 找出不同折叠方式所对应的折叠后的形状，并用线连一连。

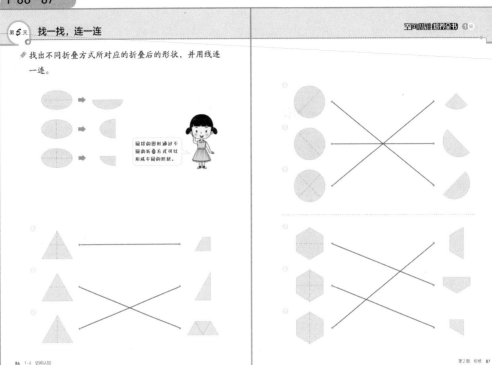

同样的图形通过不同的折叠方式可以折成不同的形状。

巩固练习

◈ 在左边的两个图形上分别画一条折线，使原图经过两次折叠后形成右边的形状。

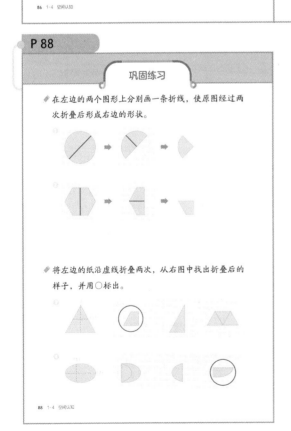

◈ 将左边的纸沿虚线折叠两次，从右图中找出折叠后的样子，并用○标出。

22   1-4   空间认知

第1天 从不同方向观察

空间思维培养全书 1 B

用○标出依箭头方向观察左边图形时看到的形状。

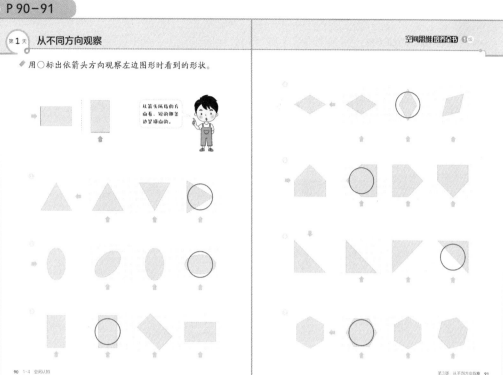

从箭头所指的方向看，短的那条边会呈横向的。

第2天 找观察方向（1）

空间思维培养全书 1 B

找出合适的箭头并涂上颜色，使依箭头方向看过去的形状如下图所示。

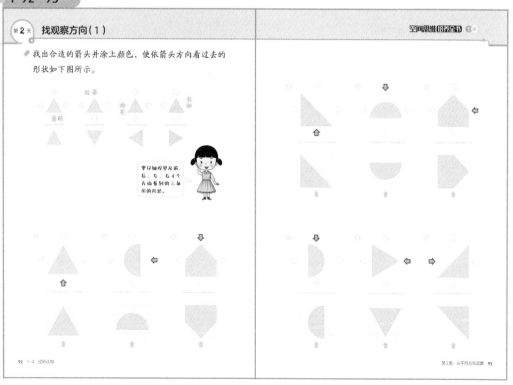

要仔细观察从前、后、左、右4个方向看到的三角形的形状。

第3天 从不同方向观察正方形

空间思维培养全书 1级

用○标出依箭头方向观察左边图形时看到的形状。

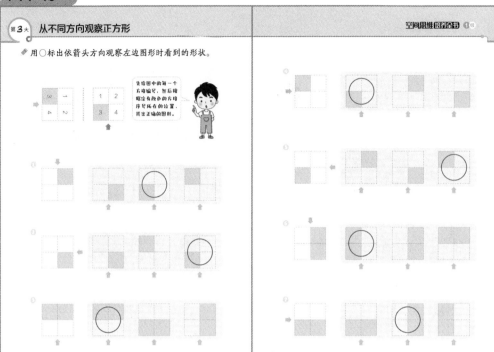

第4天 从不同方向观察三角形

空间思维培养全书 1级

用○标出依箭头方向观察左边图形时看到的形状。

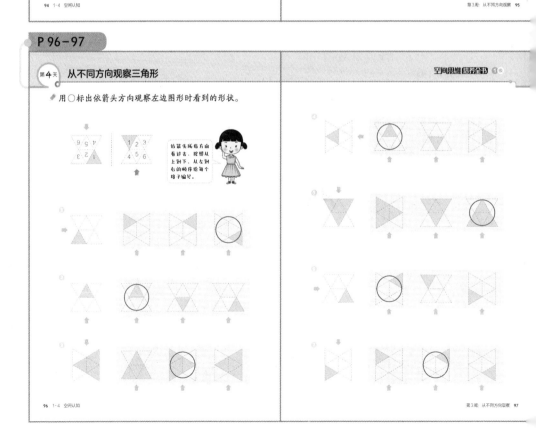

第5天 找观察方向（2）

❖ 找出合适的箭头并涂上颜色，使依箭头方向看过去的
  形状如下图所示。

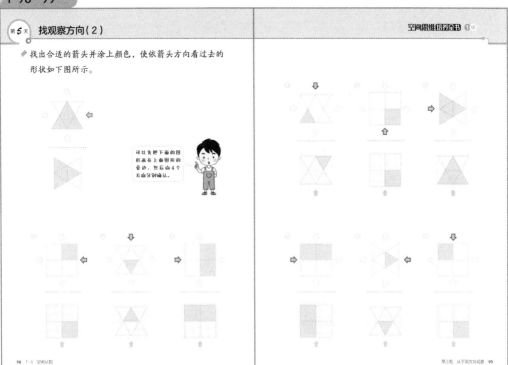

可以先把下面的图
形画在上面图形的
旁边，然后向4个
方面分别确认。

巩固练习

❖ 找出合适的箭头并涂上颜色，使依箭头方向看过去的
  形状如下图所示。

❖ 用○标出依箭头方向观察左边图形时看到的形状。

第 **1** 天　画一画（1）

将○、△、□叠在一起，画出重叠的部分。

要先看清楚下面哪个图形在上面。

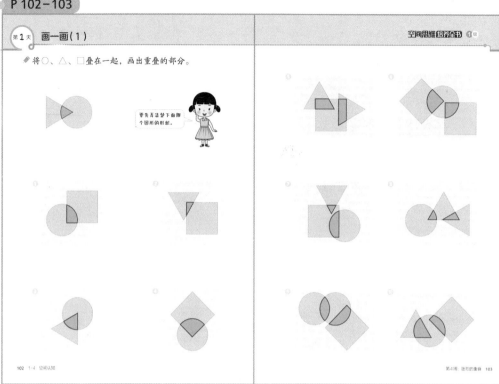

102　1-4　空间认知

第4课 图形的重叠　103

第 **2** 天　找顺序

按照从上到下叠压的顺序，在 □ 内填入○、△、□。

如果能看到一个完整的、没有被遮盖的图形，那它就是叠上面的。

○ □

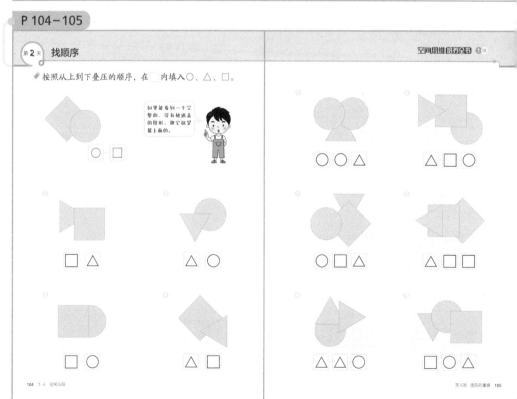

104　1-4　空间认知

第4课 图形的重叠　105

第3天 画一画（2）

空间思维培养全书 ①

将○、△、□重叠，画出每组图形中重叠的部分。

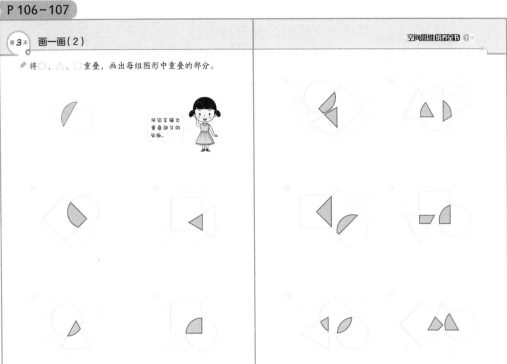

用铅笔描出
重叠部分的
轮廓。

第4天 找出重叠的图形

空间思维培养全书 ①

找出图中所有重叠的图形，并用○标出。

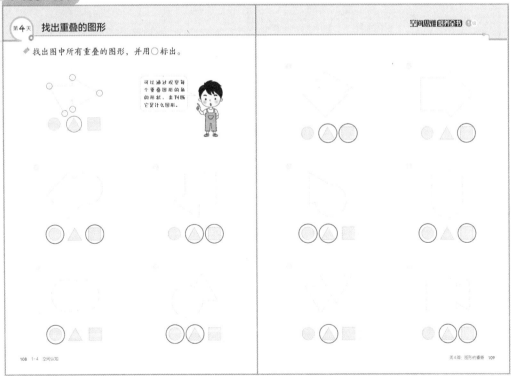

可以通过观察每
个重叠图形的角
的形状，来判断
它是什么图形。

第 5 天 找出没有重叠的图形

◆ 找出重叠成下图用不到的形状，并用 ✕ 标出。

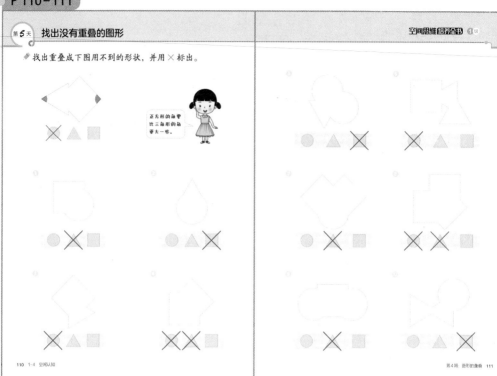

正方形的角要
比三角形的角
更大一些。

巩固练习

◆ 将 ○、△、□ 重叠，画出每组图形中重叠的部分。

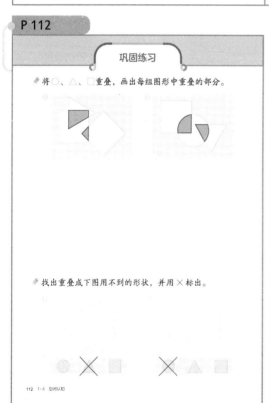

◆ 找出重叠成下图用不到的形状，并用 ✕ 标出。

第1回 ： 评价测试

月　日
规定时间　10分钟
答对题目　　/9

将打了孔的纸盖在印有图形的纸上，用○标出从孔中看到的图形。

找出合适的箭头并涂上颜色，使依箭头方向看过去的形状如下图所示。

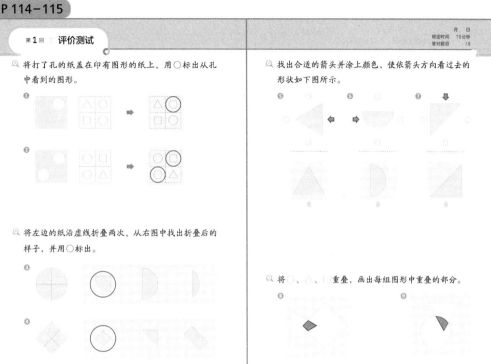

将左边的纸沿虚线折叠两次，从右图中找出折叠后的样子，并用○标出。

将○、△、□重叠，画出每组图形中重叠的部分。

第2回 ： 评价测试

月　日
规定时间　10分钟
答对题目　　/10

在左边的纸上标出需要打孔的位置，使其盖住右边印有图形的纸后只能看到 △、□、○。

用○标出依箭头方向观察左边图形时看到的形状。

在左边的两个图形上分别画一条折线，使原图经过两次折叠后形成右边的形状。

找出图中所有重叠的图形，并用○标出。

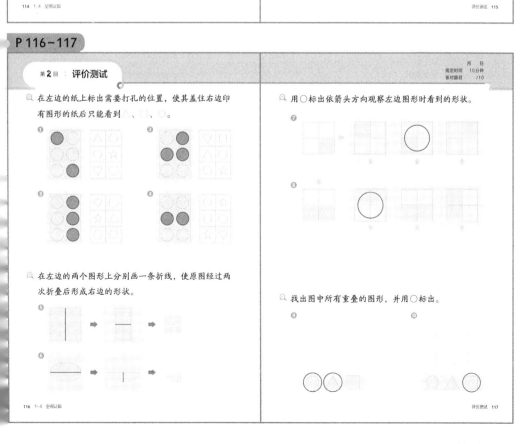

第3回 ： 评价测试

在左边的纸上标出需要打孔的位置，使其盖住右边印有图形的纸后只能看到 △ 或 □ 。

❶ ❷ ❸ ❹

找出不同折叠方式所对应的折叠后的形状，并用线连一连。

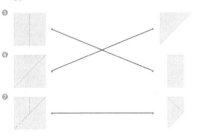

❺ ❻ ❼

找出合适的箭头并涂上颜色，使依箭头方向看过去的形状如下图所示。

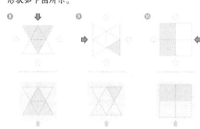

❽ ❾ ❿

按照从上到下叠压的顺序，在 □ 内填入 ○、△、□。

⓫ ⓬

第4回 ： 评价测试

将打了孔的纸盖在印有图形的纸上，用 ○ 标出从孔中看到的图形。

❶ ❷

在左边的两个图形上分别画一条折线，使原图经过两次折叠后形成右边的形状。

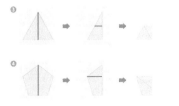

❸ ❹

找出合适的箭头并涂上颜色，使依箭头方向看过去的形状如下图所示。

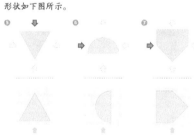

❺ ❻ ❼

将 ○、△、□ 重叠，画出每组图形中重叠的部分。

❽ ❾

第 *5* 回 ： 评价测试

月　日
规定时间　10分钟
答对题目　/10

在左边的纸上标出需要打孔的位置，使其盖住右边印有图形的纸后只能看到△、□、○。

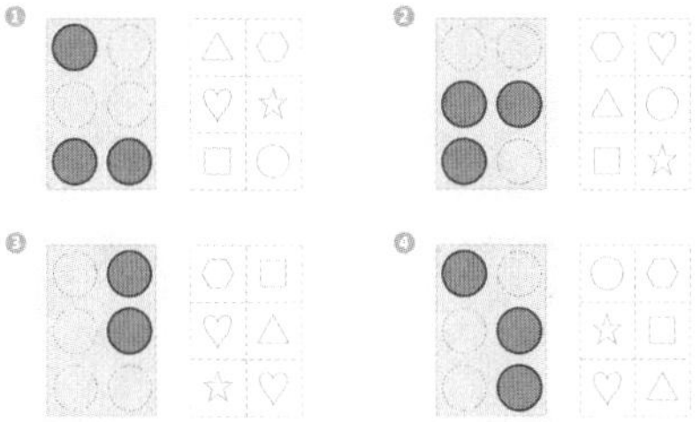

❶　❷

❸　❹

将左边的纸沿虚线折叠两次，从右图中找出折叠后的样子，并用○标出。

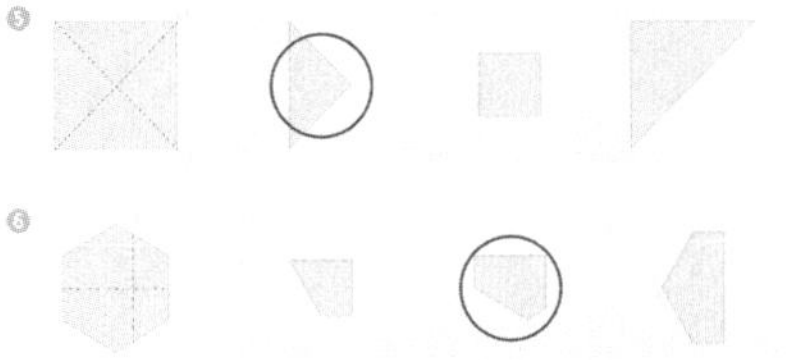

❺

❻

用○标出依箭头方向观察左边图形时看到的形状。

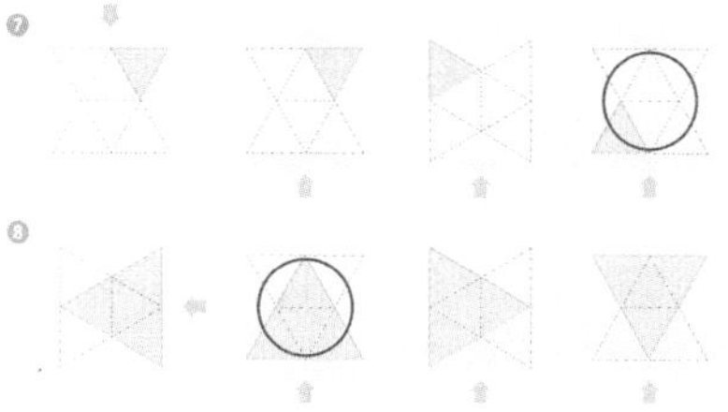

❼

❽

找出重叠成下图用不到的形状，并用×标出。

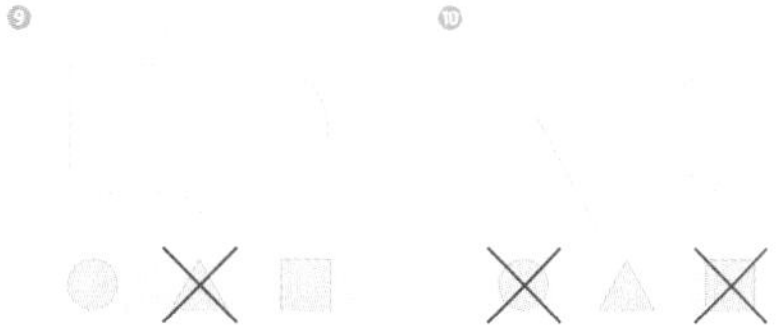

❾　❿